全国高等农业院校计算机类与电子信息类"十三五"规划教材

C 语言程序设计基础
学习指导

石玉强　主编

中国农业大学出版社
·北京·

内 容 简 介

本书是一本关于 C 语言程序设计基础的辅助教材,内容分为 3 部分。第 1 部分是《C 语言程序设计基础》(石玉强主编,中国农业出版社,2013 年 1 月第 1 版)的习题参考答案;第 2 部分是 C 语言程序设计实验,这些实验是作者根据教学经验精心设计的,实验目的在于帮助学生掌握 C 语言的语法,学会设计解题的算法,并学习怎样调试和测试程序;第 3 部分是《C 语言程序设计基础》课程设计,给出了 50 个常用的课程设计题目,并对两个典型的课程设计给出了规范的答案和源代码,目的是帮助学生熟悉如何做好课程设计,掌握程序设计的开发过程。

本书内容丰富,实用性强,不仅可以作为与《C 语言程序设计基础》配套使用的辅导书,而且可以与其他同类教材配套使用。这是一本 C 语言程序设计习题课、实验课和课程设计的好教材,也是自学者的良师益友。

图书在版编目(CIP)数据

C 语言程序设计基础学习指导/石玉强主编. —北京:中国农业大学出版社,2017.8
(2022.8 重印)

ISBN 978-7-5655-1890-4

Ⅰ.①C… Ⅱ.①石… Ⅲ.①C 语言-程序设计-高等学校-教学参考资料 Ⅳ.①TP312.8

中国版本图书馆 CIP 数据核字(2017)第 180574 号

书　　名	C 语言程序设计基础学习指导			
作　　者	石玉强　主编			
策　　划	司建新		责任编辑	林孝栋
封面设计	郑　川		责任校对	王晓凤
出版发行	中国农业大学出版社			
社　　址	北京市海淀区圆明园西路 2 号		邮政编码	100193
电　　话	发行部 010-62818525,8625		读者服务部	010-62732336
	编辑部 010-62732617,2618		出 版 部	010-62733440
网　　址	http://press.cau.edu.cn/		E-mail	cbsszs@cau.edu.cn
经　　销	新华书店			
印　　刷	北京溢漾印刷有限公司			
版　　次	2017 年 8 月第 1 版　 2022 年 8 月第 2 次印刷			
规　　格	787×1 092　 16 开本　 16 印张　 400 千字			
定　　价	42.00 元			

图书如有质量问题本社发行部负责调换

全国高等农业院校计算机类与电子信息类
"十三五"规划教材编写委员会

编写人员

主　编　石玉强

副主编　李　晟　刘　松　杜淑琴　张　垒　符志强　黄洪波

前　言

　　学习程序设计的真谛在于实践。本书就是为 C 语言程序设计的学习者所提供的一本实践指导书。

　　程序设计的实践环节包括机上和机下两个方面。机下实践的工作就是分析问题、设计算法、编写程序、给出测试用例；机上实践的工作包括求证语法现象、程序测试、程序调试。这两个环节相辅相成，互相补充，都很重要。本书的内容就是围绕这两个环节进行组织的。

　　本书第 1 部分是对《C 语言程序设计基础》（石玉强主编，中国农业出版社，2013 年 1 月第 1 版）的习题给出参考答案，在解题时，突出了问题的分析和算法设计，并给出了参考程序。

　　本书第 2 部分是作者设计的 13 个实验。这些实验仅仅作为推荐的实验，只是为了抛砖引玉，希望学习者自己设计实验，也希望教师能给我们推荐较好的实验。

　　本书第 3 部分是作者精心设计的课程设计，包括 50 个常用的课程设计题目和两个典型的课程设计。

　　本书在共同讨论的基础上，由石玉强编写第 1 部分的第 1 章和第 2 章、第 2 部分的实验 1 和实验 2、第 3 部分的第 3 章，张垒编写第 1 部分的第 3 章和第 4 章、第 2 部分的实验 3 和实验 4，李晟编写第 1 部分的第 5 章和第 6 章、第 2 部分的实验 5 和实验 6，符志强编写第 1 部分的第 7 章和第 8 章、第 2 部分的实验 7 和实验 8，刘松编写第 1 部分的第 9 章和第 10 章、第 2 部分的实验 9 和实验 10，杜淑琴编写第 1 部分的第 11 章和第 12 章、第 2 部分的实验 11 和实验 12，黄洪波编写第 2 部分的实验 13、第 3 部分的第 1 章和第 2 章。全书由石玉强主编和统稿。

　　在本书的编写过程中，以下人员也对书稿提出了宝贵的建议和意见：刘磊安、闫大顺、杨灵、成筠、张世龙、王俊红、郑建华、陈勇、孙永新、邹莹、王潇、吴志芳、曾宪贵、冯大春、赵爱芹、罗慧慧、杨现丽等，在此一并表示衷心的感谢！

　　由于作者水平有限，书中难免会有不足和错误之处，敬请广大读者批评指正。

编　者

2017 年 6 月

目　　录

第1部分

《C语言程序设计基础》
习题参考答案

第1章　程序设计基础知识

1. 什么是程序？什么是程序设计？

答：程序是为了实现特定目的或解决特定问题而编制的一组指令序列。程序设计是给出解决特定问题程序的过程，是软件开发的重要组成部分，其往往以某种程序设计语言为工具，写出该种语言下的程序。

2. 什么是计算机语言？高级语言的特点是什么？

答：计算机语言是指用于人与计算机之间沟通的语言，是人与计算机之间传递信息的媒介，是为了使电子计算机进行各种工作，而制定的一套用以编写计算机程序的数字、字符和语法规则以及由这些字符和语法规则组成的计算机各种指令（或各种语句）。

高级语言是指不依赖于具体的计算机硬件的语言，它具有以下特点：

(1) 高级程序设计语言不依赖于具体的机器。

(2) 有良好的可移植性，在一种类型的机器上编写的程序不做很大改动就能在机器上运行。

(3) 每条高级语言语句对应多条汇编指令或机器指令，编程效率高。

(4) 高级语言提供了丰富的数据结构和控制结构，提高了问题的表达能力，降低了程序的复杂性。

(5) 高级语言接近于自然语言，编程更加容易，编写出的程序有良好的可读性，便于交流和维护。

3. 什么是算法？试从日常生活中找出两个例子，描述它们的算法。

答：算法是指解决问题的准确而完整的描述，是一系列解决问题的指令。

例一，喝茶：①找到茶叶；②烧一壶开水；③将茶叶放到杯子里；④然后将开水倒入杯中；⑤等茶水的温度降到适宜的温度。

例二，开车：①打开车门；②驾驶员坐好；③系上安全带；④插上车钥匙；⑤发动汽车。

4. 试述程序控制三种基本结构的特点。

答：顺序结构，指令从上到下依次执行，每条指令都会执行一次；选择结构，根据指定条件执行指定的指令，任何一次执行都仅仅执行其中的一个分支，另外一个分支不会执行；循环结构，重复执行一条或者多条语句，执行的次数由某个条件控制。

5. 用传统的流程图表示求解下面问题的算法。

(1) 依次将 5 个数输入，输出它们的最大数。

(2) 判断一个数 n 能否同时被 3 和 5 整除。

(3) 求两个数 m 和 n 的最大公约数。

(4) 有三个数 x, y, z，按从小到大的顺序依次输出。

(5) 求 $1+2+\cdots+10$。

(6) 将 $100 \sim 200$ 之间的所有素数输出。

答：

（1）流程图如图 1-1 所示。

（2）流程图如图 1-2 所示。

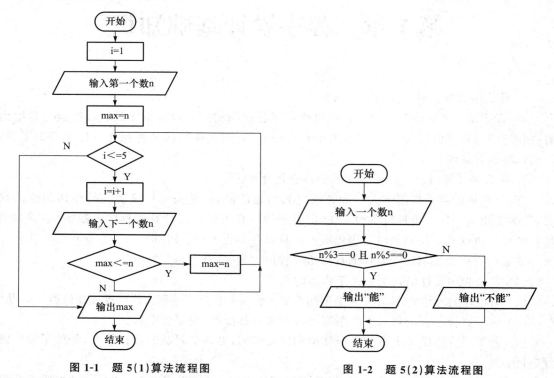

图 1-1　题 5(1)算法流程图　　　　　　　　图 1-2　题 5(2)算法流程图

（3）流程图如图 1-3 所示。

（4）流程图如图 1-4 所示。

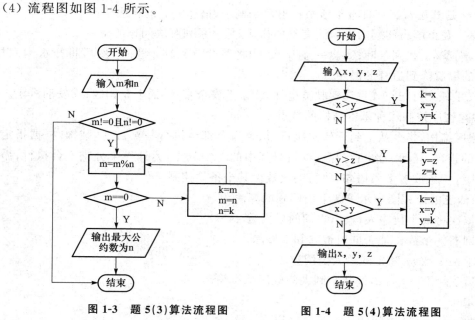

图 1-3　题 5(3)算法流程图　　　　　　　　图 1-4　题 5(4)算法流程图

（5）流程图如图 1-5 所示。

（6）流程图如图 1-6 所示。

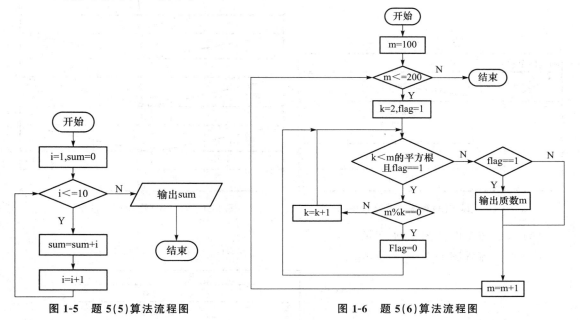

图 1-5 题 5(5)算法流程图   图 1-6 题 5(6)算法流程图

6．用 N-S 图表示第 5 题中每小题的算法。

答：

（1）N-S 流程图如图 1-7 所示。

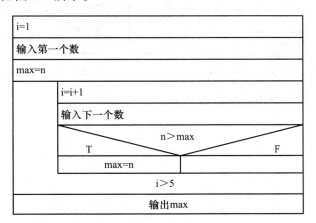

图 1-7 题 5(1)算法 N-S 流程图

（2）N-S 流程图如图 1-8 所示。

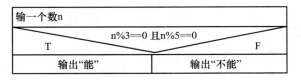

图 1-8 题 5(2)算法 N-S 流程图

（3）N-S 流程图如图 1-9 所示。

（4）N-S 流程图如图 1-10 所示。

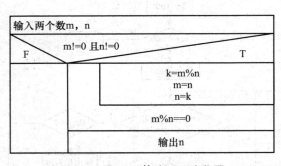

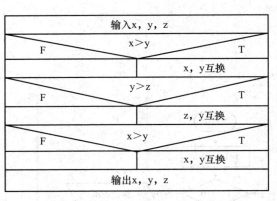

图 1-9　题 5(3)算法 N-S 流程图　　　　　图 1-10　题 5(4)算法 N-S 流程图

（5）N-S 流程图如图 1-11 所示。

（6）N-S 流程图如图 1-12 所示。

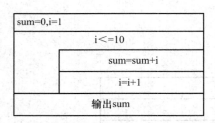

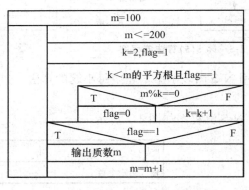

图 1-11　题 5(5)算法 N-S 流程图　　　　图 1-12　题 5(6)算法 N-S 流程图

7. 用伪代码表示第 5 题中每小题的算法。

答：

（1）伪代码如下：

```
begin
i = 1
输入一个数 n
max = n
while(i< = 5)
{
    i = i + 1
    输入第 i 个数 n
    if n>max then
        max = n
    endif
```

}
输出 max
end
（2）伪代码如下：
begin
输入一个数 n
if n%3==0 and n%5==0 then
　　输出"能"
else
　　输出"不能"
endif
end
（3）伪代码如下：
begin
输入 m,n
if　m!=0　and n!=0 then
　　while　m%n!=0 do
　　　　k=m%n
　　　　m=n
　　　　n=k
　　endwhile
　　输出 n
endif
end
（4）伪代码如下：
begin
　　输入三个数 x,y,z
　　if　x>y　then
　　　　k=x,x=y,y=k
　　endif
　　if　y>z　then
　　　　k=y,y=z,z=k
　　endif
　　if　x>y　then
　　　　k=x,x=y,y=k
　　endif
　　输出 x,y,z
end
（5）伪代码如下：

```
begin
    i = 1
    sum = 0
    while i< = 10 do
    {
        sum = sum + i
        i = i + 1
    }
    输出 sum
end
```

（6）伪代码如下：

```
begin
    m = 100
    while m< = 200 do
    {
        k = 2
        flag = 1
        while k<sqrt(m) and flag = = 1 do
        {
            if    m%k = = 0 then
                flag = 0
            else
                k = k + 1
            endif
        }
        if    flag = 1 then
            输出 m
        endif
        m = m + 1
    }
end
```

8. 什么叫结构化程序设计？它的主要内容是什么？

答：结构化程序设计是一种基于结构化程序设计方法的程序设计技术，它采用自顶向下、逐步求精的方法和单入口单出口的控制结构；其主要内容有：程序结构按功能划分为若干个基本模块；各模块之间的关系尽可能简单，在功能上相对独立；每一模块内部均是由顺序、选择和循环三种基本结构组成的；其模块化实现的具体方法是使用子程序。结构化程序设计由于采用了模块分解与功能抽象，自顶向下、分而治之的方法，从而有效地将一个较复杂的程序系统设计任务分解成许多易于控制和处理的子任务，便于开发和维护。

第 2 章　C 语言概述

1. C 语言的主要特点和用途是什么？它和其他高级语言有什么不同？

答：C 语言的主要特点包括。

（1）支持结构化程序设计语言；

（2）功能强大、适用范围广；

（3）可直接操作硬件；

（4）可移植性好；

（5）生成代码质量高；

（6）规模小、易掌握。

C 语言具有强大的程序设计功能，可以解决很多实际问题。许多系统软件都是用 C 语言编写的。同时，由于 C 语言具有低级语言的许多特性，使得它与其他高级语言相比更加实用。

2. C 语言以函数为程序的基本单位，它有什么好处？

答：C 语言以函数为程序的基本单位，可以很方便地使用函数作为程序模块来构造程序，使程序设计简单和直观，提高了程序的易读性和可维护性。而且还可以把程序中普遍用到的一些计算或操作编成通用的函数，以供随时调用，大大减轻程序员的代码工作量。

3. C 语言程序结构的特点是什么？由哪些基本部分组成？

答：C 语言程序结构简洁、紧凑，使用方便灵活。它的运算符和数据类型都很丰富。C 语言程序由头文件和源文件组成，头文件中包含程序中引用了哪些系统函数库、常数定义等。源文件中包含完成程序需要的逻辑控制语句和数据结构。

4. C 语言标识符的作用是什么？命名规则是什么？与关键字有何区别？

答：标识符是程序中为对象起的名字。命名规则是由字母、数字、下划线组成，且必须以字母或下划线开头。关键字是系统保留字，是特殊的标识符，不能作为普通对象命名使用。

5. 指出下列符号中哪些是 C 语言标识符？哪些是关键字？哪些既非标识符亦非关键字？

stru,au_to,_auto,sizeof,3id,file m_i_n-min,call..menu,hello,A BC,SIN90,n * m x.y,x1234,until,cos2x,1234,1234hello,s＋3s_3。

答：标识符有：stru,au_to,_auto,hello,SIN90,x1234,until,cos2x；

关键字有：sizeof；

都不是的有：3id,file m_i_n-min,call..menu,A BC,n * m x.y,1234,1234hello,s＋3s_3。

6. 什么是标准 C 和 ANSI C？

答：由国际标准化委员会（ISO）和国际电工委员会（IEC）审定和发布的 C 语言标准称为标准 C。ANSI C 是美国国家标准协会制定的一个 C 语言的标准，自 1989 年发布后，国际标准化组织公布的 C 语言标准基本沿用 ANSI C。

7. 为什么可以称 C 语言为"中级语言"？

答：因为 C 语言既具有高级语言的功能又具有低级语言的功能，所以称之为"中级语言"是有一定道理的。

第3章　顺序结构程序设计

1. C语言为什么规定所有用到的变量要"先定义，后使用"，这样做有什么好处？

答：（1）对于编译器处理更方便。在编译的时候，编译器需要为变量定义符号列表，有显式的变量定义，可以让编译器更方便地查找到变量列表，从而确定变量符号列表，执行后续的编译操作。

（2）不容易出错。可以识别出变量名的输入错误。比如定义了 stu_name，在调用的时候拼写为 stu_nane，如果没规定先定义后使用，那么 stu_nane 就会被当作一个新的变量使用，直到运行时才会发生错误。而按照 C 语言的规定，在编译阶段就可以发现该错误。

（3）程序更清晰。变量定义时，直接指明类型，这样在阅读程序时不需要为了解变量类型而花费额外时间。

2. 试用一句 printf 函数输出以下图形：

```
* * *
* *
*
```

答：参考程序如下。

```c
#include <stdio.h>
void main()
{
    printf("***\n**\n*\n");
}
```

3. 编写程序，通过键盘输入一个圆的半径 r，经过运算后输出这个圆的面积。

答：参考程序如下。

```c
#include <stdio.h>
void main()
{
    double r,area;
    printf("请输入圆的半径:");
    scanf("%lf",&r);
    area = 3.14 * r * r;
    printf("圆的面积是:%f\n",area);
}
```

4. 判断下列数据的数据类型。

```
3.0    2    '$'    0    0.0F    "ABCDE"
```

答:3.0　浮点型　　2　整型　　　　'$'　字符型

　　0　整型　　　　0.0F 浮点型　　"ABCDE" 字符串

5. 判断下列变量名是否合法。

3ZH　　Int　　_3CQ　　int　　分数　　Phy_Mark

答:3ZH　　　　变量名开头不能是数字,不合法

　　Int　　　　合法,但不推荐

　　_3CQ　　　合法

　　int　　　　系统保留字,不合法

　　分数　　　　编程中不能用汉字作变量名,不合法

　　Phy_Mark 合法

6. 根据运行结果完善代码,并根据已有的代码补全运行结果。

```
        (1)
void main()
{
    char a;
    printf("欢迎光临\n");
    printf("\n");
            (2)
    scanf("%c",&a);
            (3)

}
```

运行结果如下:

```
欢迎光临
请输入您的房间:F
您的房间是 F
```

答:(1)# include ＜stdio. h＞

　　(2)printf("请输入您的房间:\n");

　　(3)printf("您的房间是 %c\n",a);

7. 指出下列程序的错误之处。

```
# include ＜stdio. h＞
void main()
{
    int b,c＝5;
    int a;a＝1;b＝c＋1;
    printf("%d\n",b);
    c＝c/2.0;
    printf("%d\n",a＋b＋c);
}
```

答：在程序 c＝c/2.0 这一行中，c 的值除以 2.0 的结果为浮点数，赋值给 c 会造成小数点后的数据丢失。这样写代码系统编译仍能通过，但是会给出警告信息。实际应用中要避免这样的写法。

8. 阅读以下代码，写出运行结果。

```c
#include <stdio.h>
void main()
{
    int a=5,b=3,c;
    c=a+b;a=a-1;b=b-1;c=c+1;
    printf("%d\n",a+b+c);
}
```

答：运行结果为 15。

9. 编写一个格斗小游戏，假定人物 Clark 有 60 滴血，被踢一下掉 5 滴血，被拳头打一下掉 3 滴血，通过键盘输入被踢和打的次数，计算人物还剩多少滴血。

答：参考程序如下。

```c
#include <stdio.h>
void main()
{
    int tempBlood,ClarkBlood=60;
    int hitTimes,kickTimes;
    printf("Input hitTimes:");
    scanf("%d",&hitTimes);
    printf("Input kickTimes:");
    scanf("%d",&kickTimes);
    tempBlood=ClarkBlood-hitTimes*3-kickTimes*5;
    printf("Clark remain %d blood\n",tempBlood);
}
```

10. 在第 9 题中，为了便于程序阅读，变量名"被踢次数"可以命名为 kickTimes，变量名"被打次数"命名为 hitTimes。试猜测，项目开发团队成员李毅的代码中出现的以下变量可能的存放内容。

faceOfClark　ageOfClark　tempBlood　gameTime

答：faceOfClark　克拉克的头像

　　ageOfClark　克拉克的年龄

　　tempBlood　临时血量

　　gameTime　游戏时间

11. 为某公司编写一个计算实发工资的程序 ERP，输入工龄和基本工资，计算该员工的实发工资，实发工资的求解算法是：

总工资＝基本工资＋工龄工资

工龄工资＝（基本工资×0.05）×工作年限

总工资扣除 6％的个人住房公积金后,再缴纳 2％的个人所得税,余额即为实发工资。

答:参考程序如下。

```c
#include <stdio.h>
void main()
{
    double baseSalary;
    int workingAge;
    double ageSalary,sumSalary,realSalary;
    printf("请输入基本工资:\n");
    scanf("%lf",&baseSalary);
    printf("请输入工龄:\n");
    scanf("%d",&workingAge);
    ageSalary = baseSalary * 0.05 * workingAge;
    sumSalary = baseSalary + ageSalary;
    realSalary = sumSalary * (1 - 0.06) * (1 - 0.02);
    printf("实发工资是:%f\n",realSalary);
}
```

第4章 分支结构程序设计

1. 什么是算术运算？什么是关系运算？什么是逻辑运算？

答：＋、－、＊、/等数学运算是算术运算；

＝＝、!＝、＜、＞、＝＜、＞＝运算是关系运算；

||、&&、! 是逻辑运算。

2. C 语言中如何判断一个量的"真"和"假"？

答：在判断一个量是否为"真"时，以 0 代表"假"，以非 0 代表"真"。

3. 写出下面各逻辑表达式的值。设 a＝3，b＝4，c＝5。

(1) a＜b && b＞c

(2) a＜b||b＜c

(3) a||b＋c && b－c

(4) !(x＝a) && (y＝b)

答：(1) 逻辑表达式的值为 0。

  (2) 逻辑表达式的值为 1。

  (3) 逻辑表达式的值为 1。

  (4) 逻辑表达式的值为 0。

4. 把下列自然语言描述的条件转化为逻辑运算和关系运算描述的条件。

(1) 变量 a 不小于变量 b。

(2) 变量 a 加上变量 b 之后再乘以变量 c 结果不为零。

(3) 当变量 a 等于 1 时，变量 b 大于 1；当变量 a 不等于 1 时，变量 c 大于 1。

(4) 当变量 b 不等于 0 的时候，变量 a 除以变量 b 大于 3。

答：(1) a＞＝b

  (2) (a＋b)＊c!＝0

  (3) if(1＝＝a)

      b＞1；

    else

      c＞1；

  (4) if(b !＝0)

      a/b＞3；

5. 从键盘输入 3 个整数，输出其中最小的数。

答：参考程序如下。

```
#include <stdio. h>
void main()
```

```
{
    int num1,num2,num3;
    int min;
    printf("请输入三个整数(以逗号分隔):\n");
    scanf("%d,%d,%d",&num1,&num2,&num3);
    if(num1>num2)
        min = num2;
    else
        min = num1;
    if(min>num3)
        min = num3;
    printf("三个数中最小的数是:%d\n",min);
}
```

6. 写出下列程序的运算结果,并写出语句执行的先后次序。

(1)(故意消除缩进)

```
#include <stdio.h>
void main()
{
int a = 8,b = 4,c = 2,k = 4,m = 8,n = 6;
printf("%d%d%d%d%d%d\n",a,b,c,k,m,n);
if(a! = b||m! = a + b)
{
a = 2 * k! = !m;a = a + a;
}
if(a + b> = 0 && m/3.0>2)
{
m = k + 3 * !c;
}
else
{
k = k * !m! = c;
}
printf("%d%d%d\n",a,m,k);
}
```

答:缩进的程序如下。

```
#include <stdio.h>
void main()
{
    int a = 8,b = 4,c = 2,k = 4,m = 8,n = 6;
```

```
        printf("%d%d%d%d%d%d\n",a,b,c,k,m,n);
        if(a! = b||m! = a + b)
        {
            a = 2 * k! = !m;a = a + a;
        }
        if(a + b> = 0 && m/3.0>2)
        {
            m = k + 3 * !c;
        }
        else
        {
            k = k * !m! = c;
        }
        printf("%d%d%d\n",a,m,k);
}
```

在 if(a! = b||m! = a+b)中,a! = b 为真,a = 2 * k! = !m 依照运算符优先级与结合性,等价于 a=(2 * k! =(!m)),故 a=1;且有 a=a+a,所以 a 的最终结果为 2;

在 if(a+b>=0 && m/3.0>2)中,a+b>=0 && m/3.0>2 为真,m=k+3 * !c 等价于 m=k+(3 * (!c)),!c 的值为 0,故 m=4;

else 语句没有被执行,所以 k 的值仍然为 4。

程序运行结果如下:

```
842486
244
```

(2)（故意消除缩进）
```
#include <stdio. h>
void main()
{
int a=0,b=1,c=2;
switch(a)
{
case 0：
printf("%d\n",b+c);
case 1：
{
a=a+b * c;
switch(a)
{
case 2：
```

```
    printf("%d\n",b+c);
case 5:
    printf("%d\n",a=a+b*c);
default:
    c=c*2;
    break;
    }
    }
default:
    printf("%d\n",a+b+c);
    break;
    }
}
```

答:缩进的程序如下。

```
#include <stdio. h>
void main()
{
    int a=0,b=1,c=2;
    switch(a)
    {
        case 0:
            printf("%d\n",b+c);
        case 1:
            {
                a=a+b*c;
                switch(a)
                {
                    case 2:
                        printf("%d\n",b+c);
                    case 5:
                        printf("%d\n",a=a+b*c);
                    default:
                        c=c*2;
                        break;
                }
            }
        default:
            printf("%d\n",a+b+c);
            break;
```

```
        }
}
```

在语句 switch(a)中,a 的值为 0,所以转向 case 0,打印 3;

case 0 没有 break 语句,所以顺序往下执行 case 1,a＝a＋b＊c,所以 a 的值为 2,执行 printf("%d\n",b+c)打印语句,又打印一个 3;

同样 case 2 没有 break 语句,所以执行 printf("%d\n",a=a+b＊c)打印语句,打印 4;

最后执行 printf("%d\n",a＋b+c),此时 c 的值为 4,故打印 9。

运行结果如下:

```
3
3
4
9
```

7. 指出下列程序的错误之处。

```
#include <stdio.h>
void program()
{
    int a,b,c,temp;
    printf('请输入三个数\n');
    scanf("%d%d%d",&a,&b,&c);
    if b<c;
    {
        b = temp;temp = c;c = b;
    }
    if a<c;
    {
        temp = a;a = c;c = temp;
    }
    if a<b;
    {
        temp = b;b = a;a = temp;
    }
    printf("从大到小排列的顺序为:%d,%d,%d\n",a,b,c);
}
```

答:程序错误在下面的注释中指出。

```
#include <stdio.h>
void program()                      /*改为 void main()*/
{
    int a,b,c,temp;
```

```
    printf('请输入三个数\n');        /*两个单引号应改为双引号*/
    scanf("%d%d%d",&a,&b,&c);      /*改为 scanf("%d,%d,%d",&a,&b,&c);*/
    if b<c;                        /*b<c 应加上括号,去掉分号*/
    {
        b = temp;temp = c;c = b;    /*应改为 temp = b;b = c;c = temp;*/
    }
    if a<c;                        /* a<c 应加上括号,去掉分号*/
    {
        temp = a;a = c;c = temp;
    }
    if a<b;                        /*a<b 应加上括号,去掉分号*/
    {
        temp = b;b = a;a = temp;
    }
    printf("从大到小排列的顺序为:%d,%d,%d\n",a,b,c);
}
```

8. 根据运行结果完善代码。

```
#include <stdio. h>
#include <math. h>
void main()
{
    int a;
    printf("请输入一个数:");
    scanf("%d",&a);
    if(_____(1)_____)
        printf("%d 是个负数。\n",a);
    _____(2)_____
        printf("%d 是个正数。\n",a);
    _____(3)_____
        printf("%d 是个奇数。\n",a);
    _____(4)_____
        printf("%d 是个偶数。\n",a);
    printf("%d 的个位上的数是:%d。\n",a,_____(5)_____);
}
```

第一次运行结果:

请输入一个数:52
52 是个正数。
52 是个偶数。
52 个位上的数是 2。

第二次运行结果：

请输入一个数：0
0 是个偶数。
0 个位上的数是 0。

第三次运行结果：

请输入一个数：−15
−15 是个负数。
−15 是个奇数。
−15 个位上的数是 5。

答：(1) if(a<0)　　　　　　(2) if(a>0)　　　　　　(3) if(1==a%2)
　　(4) if(0==abs(a%2))　　(5) abs(a%10)

9. 使用 if-else 语句和 switch-case 语句设计一个程序，使其可以识别有两个操作符（加减乘除）的表达式。要注意操作符有优先级。运行时输入输出情况如下：

请输入一个表达式(eg.1+2*3)：
1+2*3
1+2*3=7

答：参考程序如下。

```c
#include <stdio.h>
#include <stdlib.h>
void main(){
    float a,b,c,temp;
    char oper1,oper2;
    printf("请输入一个表达式(eg.1+2*3):\n");
    scanf("%f%c%f%c%f",&a,&oper1,&b,&oper2,&c);
    /*表达式先乘除后加减*/
    if((oper2=='*'||oper2=='/')&&(oper1!='*' && oper1!='/')){
        /*先判断第二个运算符,不可能是加号或减号*/
        switch(oper2){
            case '*':{
                temp = b*c;
                break;
            }
            case '/':{
                if(c!=0)temp = b/c;
                else
                {
                    printf("出错啦!\n");
```

```
/*exit(0)表示正常运行并退出程序,exit(1)表示非正常运行并退出程序*/
            exit(1);
        }
        break;
    }
    default：
        printf("出错啦!\n");
        exit(1);
    }
    /*再判断第一个运算符,不可能是乘号或除号*/
    switch(oper1){
        case '+':{
            temp = a + temp;
            break;
        }
        case '-':{
            temp = a - temp;
            break;
        }
        default：
            printf("出错啦!\n");
            exit(1);
    }
}
else{
    switch(oper1){
        case '+':{
            temp = a + b;
            break;
        }
        case '-':{
            temp = a - b;
            break;
        }
        case '*':{
            temp = a*b;
            break;
        }
        case '/':{
```

```
            if(b! = 0)
                temp = a/b;
            else {
                printf("出错啦!\n");
                exit(1);
            }
            break;
        }
    default:
        printf("出错啦!\n");
        exit(1);
}
switch(oper2){
    case '+':{
        temp = temp + c;
        break;
    }
    case '-':{
        temp = temp - c;
        break;
    }
    case '*':{
        temp = temp*c;
        break;
    }
    case '/':{
        if(c! = 0)temp = temp/c;
        else {
            printf("出错啦!\n");
            exit(1);
        }
        break;
    }
    default:
        printf("出错啦!\n");
        exit(1);
    }
}
printf("%f%c%f%c%f = %f\n",a,oper1,b,oper2,c,temp);
```

```
}
```

10. 现在有一个四位数(1000~9999)，请设计一个程序，将其千位、百位、十位、个位的数分别输出。运行时输入输出情况如下：

> 请输入一个四位数(1000~9999)：4248
> 4248 的千位数是 4，4248 的百位数是 2，4248 的十位数是 4，4248 的个位数是 8。

答：参考程序如下。

```c
#include <stdio.h>
void main()
{
    int num;
    int thousand,hundred,tenDigit,singleDigit;
    printf("请输入一个四位数(1000~9999)：");
    scanf("%d",& num);
    thousand = num/1000;
    hundred = (num - 1000*thousand)/100;
    tenDigit = (num - 1000*thousand - 100*hundred)/10;
    singleDigit = num%10;
    printf("%d 的千位数是 %d,",num,thousand);
    printf("%d 的百位数是 %d,",num,hundred);
    printf("%d 的十位数是 %d,",num,tenDigit);
    printf("%d 的个位数是 %d。\n",num,singleDigit);
}
```

11. 使用分支语句设计一个程序，要求输入年月日以后，算出这天是这一年的第几天。运行时输出输入情况如下：

> 请输入日期(eg. 2005 2 28)：2005 2 28
> 2005 年 2 月 28 日是 2005 年的第 59 天。

提示：注意闰年，使用 switch 语句时要注意其 break 特性，尽量设计出较简洁的代码。
答：参考程序如下。

```c
#include <stdio.h>
void main()
{
    int year,month,date;
    int sum;
    printf("请输入日期(eg. 2005 2 28)：");
    scanf("%d %d %d",&year,&month,&date);
    switch(month)
    {
        case 1：
```

```
                sum = 0；break；
        case 2：
                sum = 31；break；
        case 3：
                sum = 59；break；
        case 4：
                sum = 90；break；
        case 5：
                sum = 120；break；
        case 6：
                sum = 151；break；
        case 7：
                sum = 181；break；
        case 8：
                sum = 212；break；
        case 9：
                sum = 243；break；
        case 10：
                sum = 273；break；
        case 11：
                sum = 304；break；
        case 12：
                sum = 334；break；
    }
    sum = sum + date；
    if((year % 4 == 0 && year % 100 != 0||year % 400 == 0)&& month＞2)
        sum ++；
    printf("%d 年%d 月%d 日是%d 年的第%d 天。\n",year,month,date,year,sum)；
}
```

12. 编写一个快递费用计算程序,输入需要的数据,输出总费用,收费标准如下：

(1) 市内首重 12 元 1 千克,续重每千克 2 元。

(2) 省内首重 13 元 1 千克,续重每千克 2 元。

(3) 省外首重 22 元 1 千克,续重每千克 10 元。

答：参考程序如下。

```
#include ＜stdio. h＞
void main()
{
    int variety,weight,cost；
    printf("请选择快递的种类:\n1、市内快递\n2、省内快递\n3、省外快递\n")；
```

```
scanf("%d",&variety);
printf("请输入快递的重量:\n");
scanf("%d",&weight);
switch(variety)
{
    case 1:
        cost = 12 + 2*(weight - 1);break;
    case 2:
        cost = 13 + 2*(weight - 1);break;
    case 3:
        cost = 22 + 10*(weight - 1);break;
}
printf("快递的费用是%d 元。\n",cost);
}
```

第5章　循环结构程序设计

1. C 语言中有哪些循环？ 它们之间如何相互转化？

答：C 语言提供了 while 语句、do-while 语句和 for 语句实现循环结构。通过修改循环的控制条件，三者是可以互相转化的。

2. 输入两个正整数 m 和 n，求其最大公约数和最小公倍数。

答：参考程序如下。

```c
#include <stdio.h>
void main()
{
    int yu,m,n,max,min;
    int lowestCommonMultiple;
    printf("请输入两个整数:\n");
    scanf("%d %d",&n,&m);
    max = m;
    min = n;
    if(m<n)
    {
        max = n;
        min = m;
    }
    do
    {
        yu = max%min;
        max = min;
        min = yu;
    } while(yu! = 0);
    lowestCommonMultiple = m*n/max;
    printf("最大公约数是:%d\n",max);
    printf("最小公倍数是:%d\n",lowestCommonMultiple);
}
```

3. 有一个分数序列 2/1,3/2,5/3,8/5,13/8,21/13,…

求数列的前 20 项之和。

答：参考程序如下。

```
#include <stdio. h>
void main(){
    int a,b,temp,i,n;
    double sum;
    n=20;
    a=2,b=1,sum=0;
    for(i=1;i<=n;i++)
    {
        sum=sum+((double)a/b);   /*(double)a 防止整数运算结果为整数*/
        temp=b;
        b=a;
        a=a+temp;
    }
    printf("s=%f\n",sum);
}
```

4. 阅读下列程序,分析程序的运行过程,并写出运行的结果。

(1)
```
#include <stdio. h>
void main()
{
    int sum=0;
    for(int i=1;i<=5;i++)
    {
        int tmp=1;
        for(int j=1;j<=i;j++)
            tmp=tmp*j;
        sum=sum+tmp;
    }
    printf("%d\n",sum);
}
```

答:外层循环从 1 到 5,内层循环从 1 到 i 连乘,即求阶乘。所以程序求的是从 1 到 5 的阶乘之和。

程序运行结果:153

(2)
```
#include <stdio. h>
void main()
{
    int sum=0;
    for(int i=0;i<=9;i++)
```

```
    {
        for(int j=0;j<=9;j++)
        {
            if(i!=j)
                continue;
            printf("%d%d",i,j);
            sum++;
        }
    }
    printf("%d\n",sum);
}
```

答:程序外层循环从 1 到 9,内层循环只有当 i 和 j 相等时才打印 i 和 j。当 i=10 时结束循环。

程序运行结果:00112233445566778899010

5. 指出下列程序的错误之处。

(1) 要求输出(1+3)*(2+4)*(3+5)*…*(8+10)。

```
#include <stdio. h>
void mian()
{
    int sum=0;
    for(int i=1;i<8;++i)
    sum=sum*(2i+2);
    printf("%d\n",sum);
}
```

答:错误在下面的注释中指出。

```
#include <stdio. h>
void mian()                          /*main 拼写错误*/
{
    int sum=0;                       /*修改为 long int sum=1;*/
    for(int i=1;i<8;++i)             /*本行修改为 for(int i=1;i<9;i++)*/
    sum=sum*(2i+2);                  /*修改为 sum=sum*(2*i+2);*/
    printf("%d\n",sum);
}
```

(2) 要求找出"水仙花数"。"水仙花数"是一个各位数字立方和等于该数本身的三位数。例如 $153=1^3+5^3+3^3$,所以它是一个水仙花数。

```
#include <stdio. h>
void main()
{
    for(int i=1;i<=9;i++)
```

```
    {
        for(int j=0;j<=9;j++)
        {
            for(int k=0;k<=9;k++)
            {
                if(i*i*i + j*j*j + k*k*k == i*100 + j*10 + k)
                printf("%d%d%d\n",k,j,i);
            }
        }
    }
}
```

答:错误在下面的注释中指出

```
#include <stdio. h>
void main()
{
    for(int i=1;i<=9;i++)
    {
        for(int j=0;j<=9;j++)
        {
            for(int k=0;k<=9;k++)
            {
                if(i*i*i + j*j*j + k*k*k == i*100 + j*10 + k)
                printf("%d%d%d\n",k,j,i);
                    /*修改为 printf("%d%d%d\n",i,j,k);*/
            }
        }
    }
}
```

6. 根据运行结果完善代码。

```
#include <stdio. h>
#include <stdlib. h>
#include <time. h>
void main(){
    int a,b,numOfQues=0,numOfRight=0;
    char inquiry;
    srand(time(NULL));              /*用于产生随机数*/
    printf("***欢迎你来做两位数的加减运算***\n");
        ___(1)___
    {
```

```
    int temp = rand()%2;        /*随机产生1或者0用于产生随机的加法或者减法*/
    a = rand()%100;             /*产生一个 100 以内的随机数*/
    b = rand()%100;             /*产生一个 100 以内的随机数*/
    switch(temp)
    {
        case 0:
        {
            int ans;            /*用于存放答案*/
            printf("%d + %d = ",a,b);
            scanf("%d",&ans);
            if(     (2)     )
            {
                    (3)     ;
                printf("恭喜!答对了!\n");
            }else
                printf("答错了,再接再厉!\n");
        }
        case 1:
        {
            int ans;    /*用于存放答案*/
            printf("%d - %d = ",a,b);
            scanf("%d",&ans);
            if(     (4)     )
            {
                numOfRight ++ ;
                printf("恭喜!答对了!\n");
            }else
                printf("答错了,再接再厉!\n");
        }
    }
            (5)     ;
    printf("你还要再做一题吗?(N 表示不要)");
    scanf("%c",&inquiry);
    }while(     (6)     );             /*要求大小写的 n 都能退出程序*/
    printf("你的答题正确率为%d。再见!\n",     (7)     );
}
```

运行结果:

欢迎你来做两位数的加减运算

81＋32＝113 恭喜!答对了! 你还要再做一题吗?（N 表示不要）y

20－2＝18 恭喜!答对了! 你还要再做一题吗?（N 表示不要）y

51＋34＝99 答错了,再接再厉! 你还要再做一题吗?（N 表示不要）n

你的答题正确率为 66％。再见!

答:（1) do　　　　　　　（2) ans＝＝a＋b　　　　　（3) numOfRight＋＋

　　（4) ans＝＝a－b　　　（5) numOfQues＋＋;fflush(stdin)

　　（6) !('N'＝＝inquiry||'n'＝＝inquiry)　　　　（7) numOfRight/ numOfQues

7. 输出九九乘法口诀表,显示效果如下:

1*1＝1

1*2＝2　　2*2＝4

1*3＝3　　2*3＝6　　3*3＝9

1*4＝4　　2*4＝8　　3*4＝12　4*4＝16

1*5＝5　　2*5＝10　3*5＝15　4*5＝20　5*5＝25

1*6＝6　　2*6＝12　3*6＝18　4*6＝24　5*6＝30　6*6＝36

1*7＝7　　2*7＝14　3*7＝21　4*7＝28　5*7＝35　6*7＝42　7*7＝49

1*8＝8　　2*8＝16　3*8＝24　4*8＝32　5*8＝40　6*8＝48　7*8＝56　8*8＝64

1*9＝9　　2*9＝18　3*9＝27　4*9＝36　5*9＝45　6*9＝54　7*9＝63　8*9＝72　9*9＝81

答:参考程序如下。

```c
#include <stdio.h>
void main()
{
    int i,k;
    for(i=1;i<=9;i++)
    {
        for(k=1;k<=i;k++)
            printf("%d*%d=%d ",k,i,i*k);
        printf("\n");
    }
}
```

8. 根据第 6 题改写代码,要求能随机产生一位数的加、减、乘、除运算。要注意除法的除数不能为零,如果两数除不尽则应该重新选题。在退出时给出评分,根据不同的评分,显示不同的提示信息。比如正确率为 100％时显示"你真棒!"等等。

答:参考程序如下。

```c
#include <stdio.h>
#include <stdlib.h>
```

```
#include <time.h>
void main()
{
    int a,b,numOfQues = 0,numOfRight = 0;
    srand(time(NULL));
    printf("***欢迎你来做一位数的加减乘除运算***\n");
    do
    {
        fflush(stdin);
        int temp = rand()%4;
        a = rand()%10;
        b = rand()%10;
        switch(temp)
        {
            case 0:
            {
                int ans;
                printf("%d + %d = ",a,b);
                scanf("%d",&ans);
                if(ans == a + b)
                {
                    numOfRight ++;
                    printf("恭喜!答对了!\n");
                }
                else
                    printf("答错了,再接再厉!\n");
                break;
            }
            case 1:
            {
                int ans;
                printf("%d - %d = ",a,b);
                scanf("%d",&ans);
                if(ans == a - b)
                {
                    numOfRight ++;
                    printf("恭喜!答对了!\n");
                }else
                    printf("答错了,再接再厉!\n");
```

```c
                break;
            }
        case 2:
            {
                int ans;
                printf("%d*%d = ",a,b);
                scanf("%d",&ans);
                if(ans == a*b){
                    numOfRight++;
                    printf("恭喜!答对了!\n");
                }else
                    printf("答错了,再接再厉!\n");
                break;
            }
        case 3:
            {
                if(b == 0||(a%b! = 0))continue;/*如果除法不正常进入下一次循环*/
                int ans;
                printf("%d / %d = ",a,b);
                scanf("%d",&ans);
                if(ans == a/b)
                {
                    numOfRight++;
                    printf("恭喜!答对了!\n");
                }else
                    printf("答错了,再接再厉!\n");
                break;
            }
        }
        numOfQues++;
        printf("你还要再做一题吗?(N 表示停止,回车继续做题)\n");
        fflush(stdin);
        char inquiry;
        scanf("%c",&inquiry);
        if('N' == inquiry)
            break;
    }
    while(true);
    printf("你的答题正确率为%d%%",numOfRight*100/numOfQues);
```

```
switch(numOfRight*10/numOfQues)
{
    case 10：
    case 9：
        printf("你真棒!\n");
        break；
    case 8：
    case 7：
        printf("还不错!加油!\n");
        break；
    case 6：
        printf("刚及格……再努力!\n");
        break；
    default：
        printf("做得不行啊!以后常来啊!\n");
}
}
```

9. 计算机 121 班其中 8 位同学的学号为 201201～201208,编写程序分别输入这 8 位同学的英语成绩,并在屏幕上输出最高分和最低分同学的学号和成绩。

答：参考程序如下。

```
#include <stdio. h>
void main()
{
    int stuno = 201201；
    int score,i；
    int min = 1000,max = 0；
    int stuMin = stuno,stuMax = stuno；
    for(i = 1；i<9；i++)
    {
        printf("请输入%d 同学的成绩：",stuno);
        scanf("%d",&score);
        if(score>max)
        {
            max = score；
            stuMax = stuno；
        }
        if(score<min)
        {
            min = score；
```

```
            stuMin = stuno;
        }
        stuno + + ;
    }
    printf("最高分同学是:%d,成绩是:%d \n",stuMax,max);
    printf("最低分同学是:%d,成绩是:%d \n",stuMin,min);
}
```

第6章 数 组

1. 定义一个数组

int a[5]＝{1,2,3,4,5};

那么 a[0]、a[1]和 a[5]分别代表什么?

答:a[0]代表数组第一个元素,a[1]代表数组第二个元素,a[5]在声明数组时表示该数组有 5 个元素。

2. 判断下列数组的声明及初始化是否正确,如有错误,请指出。

(1) int array[5]＝{1,2,,4,5};

(2) double array[]＝{1.0,4,5/3.3,};

(3) char str[]＝{'H','e','l','l','o'};

(4) char str1[5]＝{"Hello"};

(5) int a[3][]＝{1,2,3,4,5};

(6) int a[][2]＝{1,{3,4},5};

答:(1)不正确,第三个数组元素初始化不能为空

(2)正确

(3)正确

(4)不正确,字符串末尾还有结束符'\0'

(5)不正确,声明的是二维数组

(6)不正确,二维数组初始化数据不符合要求

3. 根据下列实际情况,判断最好应该用什么方法存储数据。

(1) 一句英语句子

(2) 一个 6×6 的矩阵

(3) 三种水果每个月销量的年表

(4) 乒乓球双循环赛的结果

答:(1)用字符串存储数据

(2)用二维数组存储数据

(3)用 3 行 12 列(或 12 行 3 列)的二维数组存储数据

(4)用二维数组存储数据

4. 编写程序,输出 300 以内的素数,要求每行输出 8 个。

答:参考程序如下。

＃include ＜stdio. h＞

＃include ＜math. h＞

void main()

```c
{
    bool isprime;
    int i,j,iterator = 0;
    printf("%d",2);
    for(i = 3;i< = 300;i++)
    {
        isprime = true;
        for(j = 2;j< = sqrt(i);j++)
        {
            if(i%j == 0){
                isprime = false;
                break;
            }
        }
        if(isprime){
            printf("%d",i);
            iterator++;
            if(i == 3)        /*i = 2 已经打印,所以计数器加 1*/
                iterator++;
            if(0 == iterator%8)
                printf("\n");
        }
    }
}
```

5. 不使用 strcat 函数,编写程序,将两个字符串连接起来。

答:参考程序如下。

```c
#include <stdio. h>
void main()
{
    char s1[80],s2[40];
    int i = 0,j = 0;
    printf("请输入第一个字符串:\n");
    gets(s1);
    printf("请输入第二个字符串:\n");
    gets(s2);
    while(s1[i++]! = '\0');
        i--;
    while((s1[i++] = s2[j++])! = '\0');
        printf("%s\n",s1);
}
```

6. 指出下列程序的错误之处。

```c
/*将数组内的元素倒置*/
#include <stdio.h>
void main()
{
    int array[] = {1,2,3,4,5,6,7,8,9};
    int i;
    for(i=0;i<sizeof(array)/sizeof(int);i++)
    {
        temp = array[i];
        array[i] = array[sizeof(array) - i];
        array[sizeof(array) - i] = temp;
    }
    for(int j = 0;j<sizeof(array);j++)
        printf("%d\n",array[j]);
}
```

答:程序修改如下。

```c
#include <stdio.h>
voidmain()
{
    int array[] = {1,2,3,4,5,6,7,8,9};
    int i,j,temp;
    int length = sizeof(array)/sizeof(int);
    for(i=0;i<length/2;i++)
    {
        temp = array[i];
        array[i] = array[length - 1 - i];
        array[length - 1 - i] = temp;
    }
    for(j=0;j<length;j++)
        printf("%d\n",array[j]);
}
```

7. A 国和 B 国之间爆发了战争,由于需要大量的战况信息,所以需要使用计算机传送信息。但是 A 国怕某些敏感信息被 B 国盗取,所以想了一个办法给信息加密:把每个字符向后顺移一个,比如 I am Tomato 变成了 J bn Upnbup。请利用这个原理和字符的存储原理,对 I am Tomato 加密,并能够将其还原。

答:参考程序如下。

```c
#include <stdio.h>
#include <string.h>
```

```
#define N 1
void main()
{
    char str[100];
    int i,length;
    printf("请输入要加密的字符串(长度不大于 100):\n");
    gets(str);
    length = strlen(str);
    printf("\n 加密后的字符串是:\n");
    for(i = 0;i<length;i++)
    {
        str[i] = str[i] + N;
        printf("%c",str[i]);
    }
    printf("\n 还原后的字符串是:\n");
    for(i = 0;i<length;i++)
    {
        str[i] = str[i] - N;
        printf("%c\n",str[i]);
    }
}
```

8. A、B、C、D 四个学校举行足球赛,比赛采用单循环制,即一共 6 场比赛,比分如下:A 对 B 为 2∶1,A 对 C 为 1∶4,A 对 D 为 2∶2,B 对 C 为 3∶1,B 对 D 为 4∶2,C 对 D 为 1∶1。请使用二维数组,统计出胜利最多的球队、攻入球数最多的球队和净胜球最多的球队。

答:参考程序如下。

```
#include <stdio. h>
#define N 4
void main()
{
    int score[N][N] = {{0,21,14,22},{12,0,31,42},{41,13,0,11},{22,24,11,0}};
    int i,j;
    /*计算胜利最多的球队*/
    int winGameMax = 0,winGame[N] = {0,0,0,0},flag = 0;
    for(i = 0;i<N;i++)
    {
        for(j = 0;j<N;j++)
        {
            if(score[i][j]/10>score[i][j]%10)
                winGame[i] ++;
```

```
        }
    }
    for(i=0;i<N;i++)
    {
        if(winGame[i]>winGameMax)
        {
            winGameMax=winGame[i];
            flag=i;
        }
    }
    switch(flag)
    {
        case 0:
            printf("A 队胜利最多\n");break;
        case 1:
            printf("B 队胜利最多\n");break;
        case 2:
            printf("C 队胜利最多\n");break;
        case 3:
            printf("D 队胜利最多\n");break;
    }
    /*计算攻入球数最多的球队*/
    int pointsMax=0,pointsGame[N]={0,0,0,0},flag2=0;
    for(i=0;i<N;i++)
    {
        for(j=0;j<N;j++)
        {
            pointsGame[i]=pointsGame[i]+score[i][j]/10;
        }
    }
    for(i=0;i<N;i++)
    {
        if(pointsGame[i]>pointsMax)
        {
            pointsMax=pointsGame[i];
            flag2=i;
        }
    }
    switch(flag2)
```

```
    {
        case 0:
            printf("A 队攻入球数最多\n");break;
        case 1:
            printf("B 队攻入球数最多\n");break;
        case 2:
            printf("C 队攻入球数最多\n");break;
        case 3:
            printf("D 队攻入球数最多\n");break;
    }
    /*计算净胜球最多的球队*/
    int netPointsMax = 0,netPointsGame[N] = {0,0,0,0},flag3 = 0;
    for(i = 0;i<N;i++)
    {
        for(j = 0;j<N;j++)
        {
            netPointsGame[i] = netPointsGame[i] + score[i][j]/10 - score[i][j]%10;
        }
    }
    for(i = 0;i<N;i++)
    {
        if(netPointsGame[i]>netPointsMax)
        {
            netPointsMax = netPointsGame[i];
            flag3 = i;
        }
    }
    switch(flag3)
    {
        case 0:
            printf("A 队净胜球最多\n");break;
        case 1:
            printf("B 队净胜球最多\n");break;
        case 2:
            printf("C 队净胜球最多\n");break;
        case 3:
        printf("D 队净胜球最多\n");break;
    }
}
```

9. 通过键盘输入 10 个整数,用选择法对这 10 个整数按从小到大的顺序排序。

答:参考程序如下。

```c
#include <stdio.h>
void main()
{
    int a[10];
    int i,j,p,temp;
    printf("请输入 10 个数:");
    for(i=0;i<10;i++)
        scanf("%d",&a[i]);
    for(i=0;i<10-1;i++)
    {
        p=i;
        for(j=i+1;j<10;j++)
            if(a[j]<a[p])
                p=j;
        temp=a[i];
        a[i]=a[p];
        a[p]=temp;
    }
    printf("\n");
    for(i=0;i<10;i++)
        printf("%d ",a[i]);
}
```

10. 有 15 个数按由大到小的顺序存放在一个数组中,输入一个数,找出该数是数组中的第几个元素的值。如果该数不在数组中,则输出“无此数”。

答:参考程序如下。

```c
#include <stdio.h>
void main()
{
    int a[15];
    int number,flag=0;
    int i;
    printf("请输入长度为 15 的数组:\n");
    for(i=0;i<15;i++)
        scanf("%d",&a[i]);
    printf("请输入要查找的数:\n");
    scanf("%d",&number);
    for(i=0;i<15;i++)
```

```
        {
            if(a[i] = = number)
            {
                printf("该数是数组中的第%d 个元素的值\n",i + 1);
                flag = 1;
            }
        }
        if(flag = = 0)
            printf("无此数");
}
```

提示：当数组元素很多时，采用折半查找法可以提高查找效率，可以尝试用新方法解决。

第7章 函　　数

1. 函数原型的作用是什么？

答：函数原型又称为函数说明，其作用是在函数调用之前对函数返回值类型、函数名和函数参数个数与参数的类型进行说明。

2. 什么是函数形式参数？什么是函数实际参数？形式参数与实际参数之间有什么关系？

答：函数定义时所使用的参数称为形式参数，函数调用时所使用的参数称为实际参数。在发生函数调用时，实际参数将依次向形式参数进行值的传递。

3. 传递一个数组为什么需要两个参数？

答：在参数中传递一个数组时，需要将数组的首地址与数组的长度传递到形式参数中，而数组名仅仅能传递数组的首地址，因此还需要第二个参数来传递数组的长度。

4. 使用全局变量有什么好处？有什么坏处？

答：使用全局变量的好处是在任何函数中均可以直接访问，方便获取数据，坏处是破坏了函数之间的独立性，使得程序的耦合度提高，从而使得程序的维护变得困难。

5. 数组作参数时，为什么在函数内部修改形参数组的元素，实参数组的元素也被修改？

答：因为数组作参数时，传递的是实参数组的首地址，故实参与形参数组在内存中其实就是同一段内存区域，所以函数内部修改形参数组的元素后，实参数组的元素也被修改。

6. 设计一个函数，使用以下无穷级数计算 $\sin x$ 的值。

$$\sin(x) = \frac{x}{1!} - \frac{x^3}{3!} + \frac{x^5}{5!} - \frac{x^7}{7!} + \cdots$$

舍去的绝对值应小于 ε，ε 的值由用户选择。

答：参考程序如下。

```
#include <stdio.h>
#include <math.h>
double ssin(double x,double y)
{
    double p=1,t,sum=0,sign=1;
    t=x;
    while(fabs(t)>y)
    {
        sum=sum+sign*t;
        t=t*x*x/(p+1)/(p+2);
        p=p+2;
        sign=sign*(-1);
```

```
        }
        return sum;
}
void main()
{
        double x,y;
        scanf("%lf%lf",&x,&y);
        printf("sin(%f) = %f\n",x,ssin(x,y));
        printf("\n");
}
```

7. 写一个函数实现整数数组的冒泡排序。

答：参考程序如下。

```
#include <stdio.h>
void main()
{
        void paixu(int a[],int n);
        int a[8];
        int i = 0;
        printf("enter data:\n");
        for(i = 0;i<8;i++)
        scanf("%d",&a[i]);
        paixu(a,8);
        for(i = 0;i<8;i++)
        printf("%5d",a[i]);
        printf("\n");
}
void paixu(int a[],int n)
{
        int i,j,m;
        for(i = 0;i<n-1;i++)
            for(j = i+1;j<n;j++)
                if(a[i]>a[j])
                {
                        m = a[i];
                        a[i] = a[j];
                        a[j] = m;
                }
}
```

8. 设计一个函数求两个正整数的最大公约数。

答:参考程序如下。

```c
#include <stdio.h>
#include <stdlib.h>
int x,y;
int gcd(int m,int n)
{
    int t;
    if(n==0||m==0)
    {
        printf("输入错误!");
        return-1;
    }
    while(m%n!=0)
    {
        t=m%n;
        m=n;
        n=t;
    }
    return n;
}
void main()
{
    scanf("%d%d",&x,&y);
    printf("%d\n",gcd(x,y));
}
```

9. 编写一个求 x 的 y 次幂的函数,x 为 double 型,y 为 int 型,要求递归方式实现求 x^y 的值。

答:参考程序如下。

```c
#include <stdio.h>
#include <stdlib.h>
int y;
double x;
double intpower(double x,int y)
{
    double t;
    if(y==0) return 1;
    else
    {
        t=x*intpower(x,y-1);
        return t;
```

```
        }
    }
    void main()
    {
        scanf("%lf%d",&x,&y);
        printf("%lf\n",intpower(x,y));
    }
```

10. 编写一个函数实现在一个字符串中查找最长单词的位置,假定字符串中只有字母与空格,空格用来隔开单词。

答:参考程序如下。

```
#include <stdio. h>
#include <string. h>
#define M 1000
int findlstr(char p[])
{
    int low;            /*单词的起始下标*/
    int high;           /*单词的结束位置*/
    int i;              /*循环变量*/
    int count;          /*统计最长单词的长度*/
    int temp;
    int low_temp;
    int high_temp;
    count = 0;
    low = 0;
    high = 0;
    for(i = 0;i<(int)strlen(p);i++)
    {
        temp = 0;
        low_temp = i;
        while(p[i]! = ' '&& p[i]! = '\0')   /*p[i]! = 空格则继续扫描单词*/
        {
            temp++;
            i++;
        }
        high_temp = i-1;                /*单词的结束位置*/
        if(temp>count)                  /*单词的长度超过前面最长的单词,则修改记录*/
        {
            count = temp;
            low = low_temp;
```

```
                high = high_temp;
            }
        }
    return low;
}
void main()
{
    char p[M];                    /*存储有多个单词的字符数组*/
    gets(p);
    printf("最长单词位置 = %d\n",findlstr(p));
}
```

第 8 章　预处理命令

1. 用 const 定义的常量与 ♯ define 定义的常量有何区别？

答：♯ define 宏定义和 const 定义常量区别。

（1）♯ define 是宏定义，程序在预处理阶段将用 ♯ define 定义的内容进行了替换。因此程序运行时，常量表中并没有用 ♯ define 定义的常量，系统不为它分配存储空间。

const 定义的常量，程序运行时在常量表中，系统为它分配内存。

（2）♯ define 定义的常量，预处理时只是直接进行了替换。所以编译时不能进行数据类型检验。

const 定义的常量，在编译时进行严格的类型检验，可以避免出错。

（3）♯ define 定义表达式时要注意"边缘效应"，例如定义：

$$♯ define\ N\ 2+3$$

$$int\ a=N/2;$$

宏展开后变量 a 的赋值如下：

$$a=2+3/2$$

2. 预处理命令有哪几种类型？

答：C 语言的预处理主要有三个方面的内容：①宏定义；②文件包含；③条件编译。

宏定义命令：♯ define、♯ undef，用来定义和解除宏。（值得注意的是还可以定义带参数的宏）

文件包含命令：♯ include "文件名" 或者 ♯ include ＜文件名＞。使用前者时会优先从当前目录查找头文件，使用后者时优先从默认的系统目录查找。

条件编译命令：♯ ifdef、♯ else、♯ endif、♯ elif 等。出于程序兼容性的考虑，有些语句希望在条件满足时才编译。这时候会用到条件编译的命令。

3. 带参数宏与函数有什么区别？

答：（1）带参数宏会在编译器对源代码进行编译的时候进行简单替换，不会进行任何逻辑检测，即简单代码复制而已。

（2）带参数宏进行定义时不用考虑参数的类型。

（3）带参数宏的使用会使具有同一作用的代码块在目标文件中存在多个副本，即会增加目标文件的大小。

（4）参数宏的运行速度会比函数快，因为不需要参数压栈/出栈操作。

（5）参数宏在定义时要多加小心，多加括号。

（6）函数只在目标文件中存在一处，比较节省程序空间。

（7）函数的调用会牵扯到参数的传递，压栈/出栈操作，速度相对较慢。

（8）函数的参数存在传值和传地址（指针）的问题，参数宏不存在。

4. 定义一个宏实现求两个表达式 x 与 y 的最大值。

答:♯define max(x,y)　((x)＞(y)?(x):(y))

5. 使用文件包含命令的哪种格式容易找到所指定的文件?

答:用双引号括起来的格式容易找到所指定的文件,因为双引号里的文件,不含路径就在当前文件夹,含路径就在指定的文件夹里找。

用尖括号括起来的,要在环境变量 INCLUDE 规定的多个文件夹里找。

双引号括起来的文件,如在指定文件夹中没找到,就会再到 INCLUDE 规定的多个文件夹里找。

通常,系统头文件用尖括号,自己写的头文件用双引号。

6. 定义一个宏求一个数的绝对值。

答:♯define Absolute(K)　((K)＞=0?(K):-(K))

7. 定义一个宏使得三个数 a,b,c 递增排序。

答:♯define max(x,y)　(x)＞(y)?(x):(y)

　　♯define min(x,y)　(x)＞(y)?(y):(x)

　　♯define paixu(a,b,c)　t1:=min(min(a,b),c);t2:=max(max(a,b),c);b:=(a+b+c)-t1-t2;a:=t1;c:=t2;

8. 宏的使用过程有哪几个步骤?

答:(1) 宏的定义;

　　(2) 宏调用;

　　(3) 宏的展开。

9. 条件编译有哪几种类型?

答:条件编译有 ♯ifdef、♯ifndef、♯if 等三种类型。

10. 如何避免一个源文件被重复编译?

答:使用条件编译。

第9章 指 针

1. 下面的定义所定义的变量类型是什么？

double *p1,p2；

答：定义 p1 为一个指向 double 类型数据的指针；p2 为一个 double 类型的变量。

2. 如果 arr 被定义为一个一维数组，描述 arr[2]和 arr＋2 两个表达式之间的区别。

答：arr[2]是这个数组中的第三个数据；arr＋2 是这个数组中第三个数据的地址。

3. 假设 double 类型的变量在你使用的计算机系统中占有 8 个字节。如果 double array[10] 中 array 基址为 1000，那么 array＋5 的值为多少？

答：array＋5＝1000＋5*8＝1040

4. 定义"int array[10]，*p＝array；"后，可以用 p[i]访问 array[i]，这是否意味着数组和指针是等同的？

答：不同。数组名是地址常量，不会发生变化；指针是地址变量，可以在程序的运行过程中发生变化。

5. 字符串是用字符数组来存储的，为什么传递一个数据需要用两个参数（数组名和数组长度），而传递一个字符串只要一个参数（字符数组名）？

答：因为数组中的元素都是数据，而存放字符串的数组中存放了一个字符串的结尾标志\0；故传递一个字符串只需要一个参数即可，长度由结尾标志"\0"来决定。

6. 设计一组字符串处理函数，用动态内存分配的方法实现常用的字符串操作，包括字符串的复制、字符串的拼接、字符串的比较、求字符串的长度。

答：参考程序如下。

```c
#include <stdio.h>
#include <stdlib.h>
#include <string.h>
#define MAX 1000
void str_copy(char *ss,char *ds)
{
    ds = (char *)calloc(MAX,sizeof(char));        /*动态分配*/;
    for(;*ss! = '\0';ss ++ ,ds ++ ){
        *ds = *ss;
    }
    *ds = '\0';
}
```

```
void str_linky(char *ss,char *ds)
{   int i=0,j=0;
    ds=(char *)calloc(MAX,sizeof(char));         /*动态分配*/;
    while(*ds!='\0') i++;
    while(*ds!='\0') *ds=*ss;
    *ds='\0';
}
int str_comp(char *ss,char *ds)
{

    int i=0,q;
    while(*ds==*ss && *ds!='\0')
        i++;
    if(*ds==*ss)
        q=0;
    else if(*ds>*ss)
        q=1;
    else
        q=-1;
    return q;
}
int str_length(char *ss)
{

    int i=0;
    while(*ss!='\0')
        i++;
    return i;

}
```

7. 编写一个函数,判断作为参数传入的一个整型数据是否为回文。例如,若数组元素值为 10,5,30,67,30,5,10 就是一个回文。

答:参考程序如下。

```
#include <stdio.h>
#include <string.h>
int ispal(int st[ ],int n)
{

    int *p,*q;
    for(p=st,q=st+n-1;p<q;p++,q--)
        if(*p!=*q)return 0;         /*0 表示字符串不是回文*/
```

```
        return 1;                          /*1 表示字符串是回文*/
}
```

8. 用一维数组表示集合(其元素互不相同),求两个集合的交集。以一维整型数组为例编写函数。

答:参考程序如下。

```
int *intersect(int *a,int na,int *b,int nb,int *count)
{
    int *t,i,j,k = 0;
    t = (int *)calloc(MAX,sizeof(int));        /*动态分配*/
    for(i = 0;i<na;i++)
        {
                for(j = 0;j<nb;j++)
                    if(a[i] == b[j])
                    {
                            t[k] = a[i];
                            k++;
                    }
        }
    *count = k;
    return t;
}
```

9. 根据指针变量的定义,写出下列语句的含义:

(1) int *p;

(2) char *s[6];

(3) int (*p)[10];

(4) float (*f)();

(5) double (*p[4])();

(6) void *f();

答:(1) 定义一个指向 int 型数据的指针;

(2) 定义一个有 6 个元素的数组,其中元素为指向字符的指针;

(3) 定义一个指向有 10 个元素的数组;

(4) 定义一个函数指针,该函数的返回值为 float 类型;

(5) 定义一个数组,其每一个元素是一个函数指针,该函数的返回值为 double 类型数据;

(6) 定义一个函数,该函数返回一个指向 void 类型的数据。

10. 打印月历,输入公元的年月,输出该月的月历表。运行结果如下:

输入年份和月份:2008 8

2008年8月的月历表

==

```
SUN      MON      TUE      WED      THU      FRI      SAT
                                             1        2
3        4        5        6        7        8        9
10       11       12       13       14       15       16
17       18       19       20       21       22       23
24       25       26       27       28       29       30
31
```

==

答:参考程序如下。

```c
#include <stdio.h>
#include <stdlib.h>
#define MAX 40
#include <stdio.h>
/*获取所输入年月的第一天是星期几0~6*/
int getdate(int y,int m);
/*判断所输入的是否是闰月,是则返回1,否则返回0*/
int leap(int y);
/*打印输入月份月历表*/
void print(int y,int m);
int main()
{
    int y,m;
    printf("输入年份和月份:");
    scanf("%d%d",&y,&m);
    print(y,m);
    return 0;
}
int getdate(int y,int m)
{
    int w=(y+(y-1)/4-(y-1)/100+(y-1)/400)%7;
    int days=0;
    switch(m)
    {
        case 12:days+=30;
        case 11:days+=31;
```

```
            case 10:days += 30;
            case 9:days += 31;
            case 8:days += 31;
            case 7:days += 30;
            case 6:days += 31;
            case 5:days += 30;
            case 4:days += 31;
            case 3:if(leap(y))days += 29;
                    else days += 28;
            case 2:days += 31;
            case 1:days += 0;
            }
        w = (w + days)%7;
        return w;   /*返回输入月份 1 号的星期*/
    }
void print(int y,int m)
    {
        int month[12] = {31,28,31,30,31,30,31,31,30,31,30,31};
        int i,j;
        int w = getdate(y,m);
        printf("\n                %d 年%d 月的月历表\n",y,m);
        printf("\n =======================\n\n");
        if(leap(y))month[1] = 29;
        printf("SUN\tMON\tTUE\tWED\tTHU\tFRI\tSAT\n");
        for(i = 0;i<w;i++)printf("\t");
        for(i = w,j = 1;j<= month[m-1];i++,j++)
        {
            if(i%7 == 0)printf("\n");
            printf("%d\t",j);
        }
        printf("\n\n =======================\n\n");
    }
int leap(int y)
    {
        if((y%4 == 0 && y%100! = 0)||y%400 == 0)return 1;
        return 0;
    }
```

第10章 结构体与共用体

1. 填空题

（1）结构体变量成员的引用方式是使用_____运算符,结构体指针变量成员的引用方式是使用_____运算符。

（2）设 struct student { int no;char name[12];float score[3];}sl,*p=&sl;用指针法给 sl 的成员 no 赋值 1234 的语句是_____。

（3）运算 sizeof 是求变量或类型的_____,typedef 的功能是_____。

（4）C 语言可以定义枚举类型,其关键字为_____。

（5）设 union student {int n;char a[100];}b;则 sizeof(b)的值是_____。

答：

（1）. ->

（2）p->no=1234;或者(*p).no=1234;

（3）大小 自定义数据类型

（4）enum

（5）100

2. 选择题

（1）如下说明语句,则下面叙述不正确的是（ ）。

    struct stu{int a;float b;} stutype;

A. struct 是结构体类型的关键字   B. struct stu 是用户定义结构体类型

C. stutype 是用户定义的结构体类型名   D. a 和 b 都是结构体成员名

（2）在 16 位 PC 机中,若有定义:struct data { int i;char ch;double f;}b;则结构变量 b 占用内存的字节数是（ ）。

A. 1   B. 2   C. 8   D. 11

（3）设有定义语句:enum   t1{ a1,a2=7,a3,a4=15} time;则枚举常量 a2 和 a3 的值分别为（ ）。

A. 1 和 2   B. 2 和 3   C. 7 和 2   D. 7 和 8

（4）以下程序的输出结果是（ ）。

    union myun { struct { int x,y,z;}u;   int k; }a;

    void main()

    { a. u. x=4; a. u. y=5; a. u. z=6; a. k=0; printf("%d\n",a. u. x); }

A. 4   B. 5   C. 6   D. 0

（5）当定义一个共用体变量时,系统分配给它的内存是（ ）。

A. 各成员所需内存量的总和　　　　　　B. 结构中第一个内存所需内存量

C. 成员中占内存量最大的容量　　　　　D. 结构中最后一个成员所需内存量

（6）若有以下程序段：union data{int i;char c;float f;}a;int n;

则以下语句正确的是（　　　）。

A. a＝5　　　　　　　　　　　　　B. a＝{2,'a',1.2}

C. printf("%d",a);　　　　　　　　　D. n＝a.i;

（7）设 struct{int a;char b;}Q,*p＝&Q;

则以下表达式错误的是（　　　）。

A. Q.a　　　　B. (*p).b　　　　C. p—>a　　　　D. *p.b

（8）设有定义语句：enum t1{a1,a2＝7,a3,a4＝15}time;

则枚举常量 a1 和 a3 的值分别为（　　　）。

A. 1 和 2　　　　B. 0 和 3　　　　C. 7 和 2　　　　D. 1 和 8

（9）以下对 C 语言中共用体类型数据的叙述正确的是（　　　）。

A. 可以对共用体变量直接赋值

B. 一个共用体变量中可以同时存放其所有成员

C. 一个共用体变量中不能同时存放其所有成员

D. 共用体类型定义中不能出现结构体类型的成员

（10）下面对 typedef 的叙述不正确的是（　　　）。

A. 用 typedef 可以定义多种类型名，但不能用来定义变量

B. 用 typedef 可以增加新类型

C. 用 typedef 只是将已存在的类型用一个新的标识符来代表

D. 用 typedef 有利于程序的通用和移植

答:(1)C　(2)D　(3)D　(4)D　(5)C　(6)D　(7)D　(8)D　(9)C　(10)B

3. 有 3 个候选人，每个选民只能投票一人，要求编一个统计选票的程序，先后输入被选人的姓名，最后输出各人的得票结果。

答:参考程序如下。

```c
#include <string.h>
#include <stdio.h>
struct Person
{
    char name[20];
    int count;
}leader[3]={"Li",0,"Zhang",0,"Sun",0};
void main()
{
    int i,j;
    char leader_name[20];
    for(i=1;i<=10;i++)
    {
```

```
                scanf("%s",leader_name);
                for(j=0;j<3;j++)
                {
                        if(strcmp(leader_name,leader[j]. name)==0)
                                leader[j]. count++;
                }
        }
        printf("Result:\n");
        for(i=0;i<3;i++)
                printf("%5s:%d\n",leader[i]. name,leader[i]. count);
}
```

4. 在链表管理程序的基础上增加在指定的位置插入、删除一个结点的两个函数。

答：参考程序如下。

```
struct student *insert(struct student *head,struct student *lnew)   /*创建 insert 函数*/
{
        struct student *p0,*p1,*p2;
        p1=head;
        p0=lnew;
        if(head==NULL)   {head=p0;p0->next=NULL;}
        else
        {
                while((p0->num>p1->num) && (p1->next!=NULL))
                {
                        p2=p1;
                        p1=p1->next;
                }
                if(p0->num<=p1->num)
                {
                        if(head==p1) head=p0;
                        else p2->next=p0;
                        p0->next=p1;
                }
                else {p1->next=p0;p0->next=NULL;}
        }
        n=n+1;
        return head;
}
struct student *del(struct student *head,long num)   /*创建 del 函数*/
{
```

```
struct student *p1,*p2;
if(head==NULL){printf("\n 链表是空的!\n");return head;}
p1=head;
while(num!=p1->num && p1->next!=NULL)
{      p2=p1;p1=p1->next;      }
if(num==p1->num)
{
    if(p1==head) head=p1->next;
    else p2->next=p1->next;
    printf("删除:0%ld\n",num);
    n=n-1;
}
else printf("0%ld 没有找到!\n",num);
return head;
}
```

5. 使用两个结构体变量分别存取用户输入的两个日期(包括年、月、日),计算两个日期之间相隔的天数。

答:参考程序如下。

```
#include <stdio. h>
#include <stdlib. h>
#include <string. h>
#include <math. h>
#include <time. h>
int get_days(const char *from,const char *to);
time_t convert(int year,int month,int day);
int main()
{
    const char *from = "2013-3-15";
    const char *to = "2015-8-14";
    int days = get_days(from,to);
    printf("From:%s\nTo:%s\n",from,to);
    printf("%d\n",days);
    system("pause");
    return 0;
}
time_t convert(int year,int month,int day)
{
    tm info = {0};
    info. tm_year = year - 1900;
```

```
        info. tm_mon = month - 1;
        info. tm_mday = day;
        return mktime(&info);
}
int get_days(const char *from, const char *to)
{
        int year, month, day;
        sscanf(from, "%d-%d-%d", &year, &month, &day);
        int fromSecond = (int)convert(year, month, day);
        sscanf(to, "%d-%d-%d", &year, &month, &day);
        int toSecond = (int)convert(year, month, day);
        return(toSecond-fromSecond)/24/3600;
}
```

6. 有一高考成绩表包括:准考证号码(字符串)、考生姓名、考生类别、高考总分等信息。按准考证号码编一查分程序,输出该考生的相关信息。要求能给用户以提示信息(按键盘某一键后)实现循环查询。

答:参考程序如下。

```
void chaxun(struct STUDENT shu[], int len)
{
        int i, nue, b = 0;
        while(1)
        {
            printf("input the student number(input'0' close)");
            scanf("%d", &nue);
            b = 0;
            if(nue == 0)
                break;
            for(i = 0; i < len; i++)
            {
                if(nue == shu[i]. num)
                {
                    printf("%-4s %-10s %-3s", "准考证号", "姓名", "成绩\n\n");
                    printf("%-4d %-10s %-3d\n", shu[i]. num, shu[i]. name, shu[i]. score);
                    b = 1;
                }
            }
            if(b == 0)
                printf("The number is not exist!\n");
        }
}
```

7. 输入一串整数,以 0 结束。把这些整数(不含 0)放入一单链表中,再按由大到小的顺序排列,最后将排好序的链表输出。

答:参考程序如下。

```c
#include <stdio.h>
#include <stdlib.h>
typedef struct linknode                    /*单链表的结点类型*/
{
    int data;
    struct linknode *next;
} node;
struct linknode *pfirst;             /*排列后有序链的表头指针*/
struct linknode *ptail;              /*排列后有序链的表尾指针*/
struct linknode *pminBefore;   /*保留键值更小的节点的前驱节点的指针*/
struct linknode *pmin;               /*存储最小节点   */
struct linknode *p;                  /*当前比较的节点*/
int main()
{
    node *head = NULL,*p,*s;
    int x,flag = 1;
    while(flag)
    {
        scanf("%d",&x);
        if(x! = 0)
        {
            s = (node *)malloc(sizeof(node));          /*建立下一个结点*/
            if(s == NULL)
            {
                printf("不能分配内存\n");
                while(head)
                {
                    p = head;
                    head = head->next;
                    free(p);                 /*释放内存*/
                }
                return 0;
            }
            s->data = x;                        /*将整数 x 存入该结点*/
            s->next = NULL;
            if(head == NULL)                      /*创建头指针*/
```

```
            {
                head = s;
                p = head;
            }
            else
            {
                p ->next = s;
                p = s;
            }
        }
        else flag = 0;
    }
    pfirst = NULL;                          /*链表排序开始*/
    while(head ! = NULL)
    {
        for(p = head,pmin = head;p ->next ! = NULL;p = p ->next)
        {
            if(p ->next ->data>pmin ->data)
            {
                pminBefore = p;
                pmin = p ->next;
            }
        }
        if(pfirst = = NULL)
        {
            pfirst = pmin;
            ptail = pmin;
        }
        else
        {
            ptail ->next = pmin;
            ptail = pmin;
        }
        if(pmin = = head)
        {
            head = head ->next;
        }
        else
        {
```

```
                pminBefore ->next = pmin ->next;
            }
        }
        if(pfirst ! = NULL)
        {
            ptail ->next = NULL;
        }
        head = pfirst;                    /*链表排序结束*/
        p = head;
        while(head)                       /*输出单链表中的所有结点*/
        {
            p = head;
            printf("%4d\n",head ->data);
            head = head ->next;
            free(p);                      /*释放内存*/
        }
        return 0;
}
```

8. 将一个链表按照反序输出,即将原链表头当链表尾,原链表尾当链表头。

答:参考程序如下。

```
#include <stdio. h>
#include <stdlib. h>
typedef struct_n
{
    int data;
    struct_n*n;}nude;
nude *c(void){
    return(nude *)malloc(sizeof(nude));
}
nude *h,*b;
void pai(nude *h){
    nude *p,*q;
    int temp;
    for(p = h;p! = b;p = p ->n)
        for(q = p ->n;q! = b;q = q ->n){
            temp = q ->data;
            q ->data = p ->data;
            p ->data = temp;}
}
```

```
int main(){
    int n,t;
    h = c();
    b = h;
    printf("输入数字(以'-1'结尾)\n");
    while(scanf("%d",&t) == 1 && t! = -1){
        b->data = t;
        b->n = c();
        b = b->n;}
    pai(h);
    printf("输出:\n");
    while(h! = b)
    {
        printf("%d ",h->data);
        h = h->n;
    }
    return 0;
}
```

9. 荷兰国旗问题是由获得图灵奖的荷兰人 Dijkstra 提出的,有红、白、蓝三种颜色组成。现有 N 个桶,每个桶只能放一个小球,小球的颜色是红、白、蓝中的一种颜色,现在 N 桶已经随机放入 N 个小球,要求通过每个桶只能看一次小球的颜色,就能把 N 个桶重新排列为红色小球的桶在前面,然后是白色小球的桶,最后是蓝色小球的桶,要求桶不能移动,但是可以允许两个桶交换小球。

答:参考程序如下。

```c
#include <stdio.h>
enum color{red1,white,blue};
void main()
{
    color flag[10] = {white,blue,red1,white,white,red1,white,blue,white,blue};
    int red = -1;
    int ptr = 0;
    int blue = 10;
    color temp;
    while(ptr! = blue)
    {
        if(flag[ptr] == red1)
        {
            red++;
            temp = flag[ptr];
```

```
                    flag[ptr] = flag[red];
                    flag[red] = temp;
                    ptr + + ;
                }
            else if(flag[ptr] = = white)
                    ptr + + ;
            else
                {

                    blue - - ;
                    temp = flag[ptr];
                    flag[ptr] = flag[blue];
                    flag[blue] = temp;

                }
        }
    for(int i = 0;i<10;i + + )
        {

            if(flag[i] = = red1)
                    printf("红");
            else if(flag[i] = = white)
                    printf("白");
            else
                    printf("蓝");

        }
}
```

10. 程序填空题。

（1）下面是输出链表 head 的函数 print。

```
#include <stdio. h>
struct stud
{

    long num;
    float score;
    struct stud *next;
};
void print(struct stud *head)
{

    struct stud *p;
    p = head;
    if(head! = NULL)
        do
```

```
        {
            printf("%ld,%5.1f\n",p->num,p->score);
            _____;
        }while(p! = NULL);
    }
```

(2) 有一个描述零件加工的数据结构为:零件号 pn,工序号 wn,指针 next。下面程序建立一个包含 10 个零件加工数据的单向链表,请填空。

```
#include <stdio.h>
#include <stdlib.h>
#define LEN sizeof(struct parts)
struct parts
{
    char pn[10];
    int wn;
    _____;
};
void main()
{
    struct parts *head,*p;
    int i;
    head = NULL;
    for(i = 0;i<10;i++)
    {
        p = _____;
        scanf("%s",p->pn);
        scanf("%d",&p->wn);
        p->next = head;
        head = p;
    }
}
```

(3) 以下函数 creatlist 用来建立一个带头节点的单向链表,新产生的节点总是插在链表的末尾。单向链表的头指针作为函数值返回。函数中以换行符作为链表建立的结束标志。请填空。

```
#include <stdio.h>
#include <stdlib.h>
struct node
{
    char data;
    struct node *next;
```

```
};
struct node *creatlist()
{
    struct list *h,*p,*q;
    char ch;
    h = (strucy node *)malloc(sizeof(struct node));
    p = q = h;
    ch = getchar();
    while(_____)
    {
        p = (struct node *)malloc(sizeof(struct node));
        p ->data = ch;
        q ->next = p;
        q = p;
        ch = getchar();
    }
    p ->next = '\0';
    return h;
}
```

答：

（1）p = p ->next

（2）struct parts *next　　　　（struct parts *)malloc(LEN)

（3）ch! = '@'

11. 读程序写出结果。

（1）下列程序的执行结果是（　　）。

```
#include <stdio. h>
union ss
{
    short int i;
    char c[2];
};
void main()
{
    union ss x;
    x. c[0] = 10;
    x. c[1] = 1;
    printf("%d",x. i);
}
```

（2）下列程序执行后其输出结果是（　　）。

```
# include <stdio. h>
struct bb
{
    int x;
    char *y;
    struct bb *tp;
}a[]={{1,"pascal",NULL},{3,"debug",NULL}};
void main()
{
    struct bb *p=a;
    char c,*s;
    s=++p->y;        printf("%s\n",s);
    c=*p++->y;       printf("%c\n",c);
    s=p->y++;        printf("%s\n",s);
    c=(*p->y)++;     printf("%c\n",c);
}
```

（3）下列程序执行后其输出结果是(   )。

```
# include <stdio. h>
union ee
{
    int a;
    int b;
}*p,s[4];
void main()
{
    int n=1,i;
    for(i=0;i<4;i++)
    {
        s[i]. a=n;
        s[i]. b=s[i]. a+1;
        n+=2;
    }
    p=&s[0];
    printf("%d",p->a);printf("%d",++p->a);
}
```

（4）给出下面程序的运行结果是(   )。

```
# include <stdio. h>
static struct st1
{
```

```
    char name[10];
    char *addr;
};
static struct st2
{
    char *pname;
    struct st1 s1;
}s2={"England",{"Ann","London"}};
void main()
{
    printf("%s,%s\n",++s2.s1.addr,&s2.pname[3]);
}
```

答:

(1) 266

(2) ascal

a

debug

d

(3) 23

(4) ondon,land

12. 采用循环单向链表编程实现猴子选大王。一堆猴子都有编号,编号是 $1,2,3,\cdots,m$,这群猴子(m 只)按照 1 至 m 的顺序围坐一圈,从第 1 开始数,每数到第 N 只,该猴子就要离开此圈,这样依次下来,直到圈中只剩下最后一只猴子,则该猴子为大王。

答:参考答案如下。

```
#include <stdio.h>
#include <stdlib.h>
typedef struct node
{
    int data;
    struct node *next;
}linklist;
int creat(int n,int m)
{
    linklist *head,*p,*s,*q;
    int i,total;
    head=(linklist *)malloc(sizeof(linklist));
    p=head;
    p->data=1;
    p->next=p;
```

```
    for(i = 2;i< = n;i + + )
    {
        s = (linklist *)malloc(sizeof(linklist));
        s ->data = i;
        s ->next = p ->next;
        p ->next = s;
        p = p ->next;
    }
    p = head;
    total = n;
    q = head;
    while(total ! = 1)
    {
        for(i = 1;i<m;i + + )
        {
            p = p ->next;
        }
        while(q ->next ! = p)
        {
            q = q ->next;
        }
        q ->next = p ->next;
        s = p;
        p = p ->next;
        free(s);
        total -- ;
    }
    int vsdata = p ->data;
    free(p);
    return vsdata;
}
int main()
{
    int n[10],m[10];
    int k;
    scanf("%d",&k);
    for(int i = 0;i<k;i + + )
    {
        scanf("%d%d",&n[i],&m[i]);
```

```
    }
    for(int ii = 0;ii<k;ii++)
    {
        printf("%d\n",creat(n[ii],m[ii]));
    }
    return 0;
}
```

第11章 位 运 算

1. 位运算如何提高 C 语言程序的执行效率?

答:位运算主要是节约内存,使程序速度更快。

2. 设计基于异或运算的加密解密程序。

答:参考程序如下。

```
char *crypt_String(char *source,char *key)
{
    int sourcelen,keylen,index = 0;
    keylen = strlen(key);
    sourcelen = strlen(source);
    char result[1000];
    strcpy(result,source);
    char ckey;
    if(sourcelen>0 && keylen>0)
    {
        for(int i = 0;source[i]! = '\0';i++)
        {
            ckey = key[index%keylen];
            result[i] = source[i] ∧ ckey;
            index++;
        }
    }
    else
    {
        return NULL;
    }
    return result;
}
```

3. 以左移和右移位运算代替整除 2 和 2 倍运算的不足之处是什么?

答:不足之处是左移时可能超出数据表示范围而产生溢出。右移时补位不准确的话也会产生错误。

4. 编程实现带符号整数右循环。输入一个带符号整数,右循环 n 位输出。其中的右循环是整数的整个内存二进制位向右移动,每次移动溢出的二进制位是循环到某个二进制的高位,比如字符类型变量 a 的值为 9,其二进制的内存映像为 00001001。如果右循环 1 位是 10000100,它的值变为－124。如果右循环为 4 位是 1001000,值变为－112。

　　答:参考程序如下。

```c
#include <stdio. h>
#define N 1000
void reverser(int *a,int n,int m)
{
    int i,k = 0,t;
    k = n%m;
    for(i = 0;i< = (m-1)/2;i++)            /*将数字换为原来整数的形式*/
    {
        t = a[m-1-i];
        a[m-1-i] = a[i];
        a[i] = t;
    }
    while(k>0)                             /*移位*/
    {
        t = a[m-1];                        /*将最后一个数字暂存*/
        for(i = m-2;i> = 0;i--)            /*循环向右移位*/
            a[i+1] = a[i];
        a[0] = t;                          /*将最后一个数字付给第一个数字*/
        k--;
    }
}
int main()
{
    int a[N] = {0},m = 0,k,n,i;
    printf("输入你要移位的数:");
    scanf("%d",&k);
    printf("输入移位多少位:");
    scanf("%d",&n);
    do{
        a[m] = k%10;
        k/ = 10;
        m++;
    }while(k>0);
    reverser(a,n,m);
    for(i = 0;i<m;i++)
    printf("%d",a[i]);
```

```
    printf("\n");
    return 0;
}
```

5. 通过位运算直接求浮点数的绝对值。浮点数在传统 C 语言中分为单精度 float 和双精度 double 两种实数型,它们的内存映像非常复杂,是以二进制小数点固定形式存储的,这是浮点数名称的由来。以 float 为例,它由符号位、指数、尾数 3 部分组成,在 Visual C++ 6.0 编译环境中长度是 4 个字节,各部分的位置和所占位数如图 1-13 所示。其中符号位 S 是 1 位,0 表示正数,1 表示负数。指数部分 E 是 8 位的有符号整数。尾数部分为 23 位。通过 $(-1)^S \times 2^E \times M$ 公式可以把二进制转换为十进制。在内存中这 4 个字节连续存放,变量的地址是 0～7 所在字节的编号,符号位在高字节。

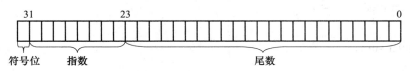

图 1-13 4 字节 float 的内存映象

答:参考程序如下。

```
#include <stdio.h>
/*float 为 32 位,4 个字节,最高位为符号位,其次 8 位为指数,末尾 23 位为标准尾数*/
typedef struct _FP_SIGLE{
    unsigned int nMantissa:23;      /*尾数部分,标准位数形式,为 1. XXX 的形式*/
    unsigned int nExponent:8;       /*指数部分,指数是以原码形式存储的,没有符号
        位,所以指数在写入内存前先加上 127,读取时再减去 127*/
    unsigned int nSign:1;           /*符号位,0 为正数,1 为负数*/
}FP_SINGLE;
/*根据指数 exp 求出以 2 为底的十进制幂值*/
float pow2Root(int exp)
{
    float sum;
    if(exp>=0)
        for(sum=1;exp;exp--,sum*=2);
    else
    {
        exp=-exp;
        for(sum=1;exp;exp--,sum/=2);
    }
    return sum;
}
/*根据标准尾数 nMantissa 的二进制位形式,求出对应的十进制尾数值*/
float mantissa(unsigned int nMantissa)
```

```c
{
    float sum = 1;
    float root2 = 1;
    unsigned int nmask = 0X400000;
    int i;
    for(i = 22;i >= 0;i --)
    {
        root2 / = 2;
        if(nMantissa & nmask)
            sum += root2;
        nmask >>= 1;
    }
    return sum;
}
int main(void)
{
    float a = 19.36,b;
    FP_SINGLE *p;
    /*正浮点数测试*/
    p = (FP_SINGLE *)&a;
    printf("%d,%#X,%#X\n",p->nSign,p->nExponent-127,p->nMantissa);
    b = pow2Root(p->nExponent-127)*mantissa(p->nMantissa);
    if(p->nSign)
        b = -b;
    printf("%f \t %f\n\n",a,b);
    /*负浮点数测试*/
    a = -a;
    printf("%d,%#X,%#X\n",p->nSign,p->nExponent-127,p->nMantissa);
    b = pow2Root(p->nExponent-127)*mantissa(p->nMantissa);
    if(p->nSign)
        b = -b;
    printf("%f \t %f\n\n",a,b);
    return 0;
}
```

6. C 语言设置位域的目的是什么? C 语言位域运算的限制是什么?

答:目的是为了节省存储空间,并使处理简便,位域运算的限制主要是一个位域必须存储在同一个字节中,不能跨两个字节。因此,位域的长度不能大于一个字节的长度。无名的位域不能使用。

第12章 文　　件

1. 为什么在操作文件时要执行文件的打开和关闭？

答："打开"文件的含义是以某种方式从磁盘上查找指定的文件或创建一个新文件。在使用完一个文件后应该关闭它，"关闭"文件就是使文件指针与文件脱离，此后不能再通过该指针对原来与其相联系的文件进行读写操作。应养成在程序终止前关闭所有文件的习惯。

2. 缓冲类型的文件系统是如何提升计算机的执行效率的？

答：缓冲文件系统的特点是在内存开辟一个"缓冲区"，为程序中的每一个文件使用，当执行读文件操作时，从磁盘文件将数据先读入内存"缓冲区"，装满后再从内存"缓冲区"依此读入接收的变量。执行写文件的操作时，先将数据写入内存"缓冲区"，等待内存"缓冲区"装满后再写入文件。由此可以看出，内存"缓冲区"的大小，影响着实际操作外存的次数，内存"缓冲区"越大，则操作外存的次数就少，执行速度就快、效率高。一般来说，文件"缓冲区"的大小随机器而定。

3. 通讯录是为用户提供多个联系人信息的存储、查阅、更新、初始化等功能，设一个联系人的通讯信息包括姓名、公司单位、职位、群组、办公电话、手机、电子邮件、通信地址，编程实现基于文件存储的简单通讯录管理。

答：参考程序如下。

```
#include <stdio.h>
#include <malloc.h>
#include <string.h>
struct student
{
    char name[8];              /*姓名*/
    char company[20];          /*公司单位*/
    char position[8];          /*职位*/
    char group[8];             /*群组*/
    char officephone[8];       /*办公电话*/
    char mobile[11];           /*手机*/
    char email[20];            /*电子邮件*/
    char e_addr[20];           /*通信地址*/
}stu;                          /*定义一个结构体　并定义第一个结构体的全局变量 stu*/
void main()
{
    void search();            /*查询函数*/
```

```
    void delet();              /*删除函数*/
    void save();               /*保存函数*/
    void read();               /*读取函数*/
    int n;
    do
    {
        printf("请选择功能:\n");
        printf("\n       1 输入个人信息:");
        printf("       2 显示所有个人信息:\n");
        printf("\n       3 查询学生信息:");
        printf("       4 删除个人信息:\n");
        printf("\n       0 退出系统\n");
        printf("\n 请选择功能:");
        scanf("%d",&n);
        switch(n)
        {
            case 1:save();break;
            case 2:read();break;
            case 3:search();break;
            case 4:delet();break;
            default:printf("退出系统\n");
        }
    }while(n! = 0);
}
void save()
{
    FILE *fnum,*fstu;
    int n = 0;
    fnum = fopen("num. txt","w");
    fstu = fopen("stu. txt","w");
    printf("请输入个人信息\n");
    printf("\n 姓名  公司单位  职位  群组  办公电话  手机  电子邮件  通信地址 \n");
    printf("\n");
    do
    {
        scanf("%s%s%s%s%s%s%s%s",stu. name,stu. company,stu. position,
            stu. group,stu. officephone,stu. mobile,stu. email,stu. e_addr);
        if(strcmp(stu. name,"0")! = 0)
        {
```

```
                fwrite(&stu,sizeof(struct student),1,fstu);
                n++;
            }
        }while(strcmp(stu. name,"0")!=0);
        fwrite(&n,sizeof(int),1,fnum);
        fclose(fnum);
        fclose(fstu);
}
void read()
{
        FILE *fnum,*fstu;
        int i,n;
        fstu=fopen("stu. txt","r");
        fnum=fopen("num. txt","r");
        fread(&n,sizeof(int),1,fnum);
        fclose(fnum);//关闭文件
        printf("\n");
        printf("个人信息如下:\n");
        printf("\n 姓名  公司单位  职位  群组  办公电话  手机  电子邮件  通信地址  \n");
        printf("\n");
        for(i=0;i<n;i++)
        {
                fread(&stu,sizeof(struct student),1,fstu);
                printf ("\n%8s%20s%8s%8s%8s%11s%20s%20s\n",stu. name,stu. company,
                        stu. position,stu. group,stu. officephone,stu. mobile,stu. email,stu. e_addr);
        }
        fclose(fstu);
}
void delet()
{
        FILE *fp,*fpp;
        struct student *p;
        int i,j,n,flag;
        char name[10];
        printf("请输入要删除的个人姓名:");
        scanf("%s",name);
        fp=fopen("stu. txt","r");
        fpp=fopen("num. txt","r");
        fread(&j,sizeof(int),1,fpp);
```

```
    fclose(fpp);
    p = (struct student *)malloc(j*sizeof(struct student));
    for(i = 0;i<j;i++)
    fread((p + i),sizeof(struct student),1,fp);
    fclose(fp);
    for(i = 0,flag = 1;i<j && flag;i++)
    {
        if(strcmp((p + i) ->name,name) == 0)
        {
            for(n = i;n<j-1;n++)
            {
            strcpy((p + n) ->name,(p + n + 1) ->name);
            strcpy((p + n) ->e_addr,(p + n + 1) ->e_addr);
            strcpy((p + n) ->company,(p + n + 1) ->company);
            strcpy((p + n) ->mobile,(p + n + 1) ->mobile);
            }
            flag = 0;
            j--;
            fpp = fopen("num. txt","w");
            fwrite(&j,sizeof(int),1,fpp);
            fclose(fpp);
        }
    }
    fp = fopen("stu. txt","w");
    for(i = 0;i<j;i++)
        fwrite((p + i),sizeof(struct student),1,fp);
    fclose(fp);//关闭文件
}
void search()
{
    FILE *fp,*fpp;
    int i,j,m;
    char n[10];
    m = 0;
    printf("输入要查找的姓名:");
    scanf("%s",n);
    printf("\n 姓名  公司单位  职位  群组  办公电话  手机  电子邮件  通信地址  \n");
    fpp = fopen("num. txt","r");
    fp = fopen("stu. txt","r");
```

```
        fread(&j,sizeof(int),1,fpp);
        for(i=0;i<j;i++)
        {
            fread(&stu,sizeof(struct student),1,fp);
            if(strcmp(stu. name,n)==0)
            {
                printf("\n%8s%20s%8s%8s%8s%11s%20s%20s\n",stu. name,
                    stu. company,stu. position,stu. group,stu. officephone,stu. mobile,
                    stu. email,stu. e_addr);
                m++;
            }
        }
        if(m==0)printf("没有符合的信息\n");
}
```

4. 学生成绩数据文件的记录选择性保存。设《C 语言程序设计基础》教材中表 10-1 的数据以 Student 结构体的顺序保存在文件"student. dat"中,现在编程实现文件中只保留学号 20110102、20110104、20110108 的记录,其他的全部删除。

答:参考程序如下。

```
#include <stdio. h>
#include <stdlib. h>
int main(void){
    FILE *fin,*ftp;
    char a[1000];
    fin=fopen("student. dat","r");          /*读取打开原文件 student. dat*/
    ftp=fopen("temp. dat","w");             /*写入打开临时文件 temp. dat*/
    if(fin==NULL||ftp==NULL){
        printf("Open the file failure. . . \n");
        exit(0);
    }
    while(fgets(a,1000,fin))                 /*从原文件读取一行*/
        if(a[0]!="20110102" && a[0]!="20110104" && a[0]!="20110108")
                                            /*检验是要删除的行吗? */
            fputs(a,ftp);                   /*不是则将这一行写入临时文件 temp. dat*/
    fclose(fin);
    fclose(ftp);
    remove("student. dat");                 /*删除原文件*/
    rename("temp. dat","student. dat");     /*将临时文件名改为原文件名*/
    return 0;
}
```

5. 已有文本文件"test. txt"，其中的内容为："hello, everyone!"。以下程序中，文件"text. txt"正确为"读"而打开，由文件指针 fr 指向该文件，则程序的输出结果是什么？

```c
#include <stdio.h>
void main()
{
    FILE *fr;
    char str[40];
    ......
    fgets(str,5,fr);
    printf("%s\n",str);
    fclose(fr);
}
```

答：

```
hell
```

6. 输入 10 个用户的用户名和密码，用户名为 15 个字符以内的字符串，密码为 6 个字符的定长字符串。新建一个文件将用户名和密码以结构体的形式存入，要求密码存放时将每个字符的 ASCII 码加 1。请完善下面的程序。

```c
#include <stdio.h>
void main()
{
    struct person
    {
        char name[16];
        char code[7];
    }per;
    int k,j;
    _____;
    char fname[20];
    scanf("%s",fname);
    if((fp = fopen(_____,"wb")) == NULL)
    {printf("file create failed!\n");return;}
    for(k = 0;k<10;k++)
        _____;
    for(j = 0;j<6;j++)
        per.code[j] += 1;
    fwrite(_____,sizeof(struct person),1,fp);
    fclose(fp);
}
```

答：

char *fp

fname

scanf("%s,%s",per. name,per. name)

&per

7. 从键盘输入一些字符,逐个把它们写到文件中去,直到输入一个"#"为止。请完成下面的程序。

```
#include <stdio. h>
void main()
{
    FILE *fp;
    char ch,filename[10];
    scanf("%s",filename);
    if(_____) == NULL)
    {
        printf("cannot open file\n");
        return;
    }
    while((ch = getchar())! = '#')
    {   fputc(ch,fp);
        putchar(ch);
    }
    fclose(fp);
}
```

答：

(fp = fopen("test. txt","w")

8. 编程实现学生管理系统。学生的信息有学号、姓名、性别、出生年月、工作年月、住址、电话、成绩等。由键盘输入学生对象,以文件方式保存,实现的功能有以下 5 个。

(1) 新增一名学生:将新增学生对象按姓名以字典方式存储在学生管理文件中。

(2) 删除一名学生:从学生管理文件中删除一名学生对象。

(3) 查询:从学生管理文件中查询符合某些条件的学生。

(4) 修改:检索某个学生对象,对其某些属性进行修改。

(5) 排序:按某种需要对学生对象文件进行排序。

答:参考程序如下。

```
#include <stdio. h>
#include <stdlib. h>
#include <conio. h>
#include <dos. h>
#include <string. h>
```

```c
#define LEN sizeof(struct student)
#define FORMAT "%-8d%-9s%-3s%-7s%-7s%-20s%-12s%-8d\n"
#define DATA stu[i]. num,stu[i]. name,stu[i]. sex,stu[i]. birthday,stu[i]. workday,
            stu[i]. address,stu[i]. phone,stu[i]. grade
struct student/*定义学生结构体*/
{
    int num;                /*学号*/
    char name[9];           /*姓名*/
    char sex[3];            /*性别*/
    char birthday[7];       /*出生年月*/
    char workday[7];        /*工作年月*/
    char address[20];       /*住址*/
    char phone[12];         /*电话*/
    int grade;              /*成绩*/
};
struct student stu[100];    /*定义结构体数组*/
void in();                  /*新增一名学生*/
void del();                 /*删除一名学生*/
void search();              /*查询*/
void modify();              /*修改*/
void showall();             /*排序*/
void menu();                /*主菜单*/
void main()                 /*主函数*/
{
    int n;
    menu();
    scanf("%d",&n);/*输入选择功能的编号*/
    while(n)
    {
        switch(n)
        {
        case 1:
            in();
            break;
        case 2:
            del();
            break;
        case 3:
            search();
```

```
                break；
            case 4：
                modify()；
                break；
            case 5：
                showall()；
                break；
            default：printf("输入错误!\n")；break；
            }
            getch()；
            menu()；                /*执行完功能再次显示菜单界面*/
            scanf("%d",&n)；
        }
}
void in()
{
    int i,m = 0；
    char ch[2]；
    FILE *fp；
    if((fp = fopen("data","ab + ")) = = NULL)
    {
        printf("打开失败\n")；
        return；
    }
    while(!feof(fp))
    {
        if(fread(&stu[m],LEN,1,fp) = = 1)
            m + + ；
    }
    fclose(fp)；
    if(m = = 0)
        printf("尚无记录!\n")；
    else
    {
        system("cls")；
        showall()；
    }
    if((fp = fopen("data","wb")) = = NULL)
    {
```

```
        printf("can not open\n");
        return;
    }
    for(i=0;i<m;i++)
        fwrite(&stu[i],LEN,1,fp);
    printf("请输入学生信息(y/n):");
    scanf("%s",ch);
    while(strcmp(ch,"Y")==0||strcmp(ch,"y")==0)
    {
        printf("输入学生学号:");
        scanf("%d",&stu[m].num);
        for(i=0;i<m;i++)
            if(stu[i].num==stu[m].num)
            {
                printf("该学号已存在,请按任意键继续!");
                getch();
                fclose(fp);
                return;
            }
        printf("输入姓名:");
        scanf("%s",stu[m].name);
        printf("性别:");
        while(getchar()!='\n');
        scanf("%s",stu[m].sex);
        printf("出生年月:");
        while(getchar()!='\n');
        scanf("%s",stu[m].birthday);
        printf("工作年月:");
        while(getchar()!='\n');
        scanf("%s",stu[m].workday);
        printf("住址:");
        while(getchar()!='\n');
        scanf("%s",stu[m].address);
        printf("电话:");
        scanf("%s",stu[m].phone);
        while(getchar()!='\n');
        printf("成绩:");
        scanf("%d",&stu[m].grade);
        if(fwrite(&stu[m],LEN,1,fp)!=1)
```

```
                {
                    printf("can not save!");
                    getch();
                }
                else
                {
                    printf("%s saved!\n",stu[m]. name);
                    m++;
                }
                printf("continue? (y/n):");
                scanf("%s",ch);
            }
        fclose(fp);
        printf("OK!\n");
    }
void showall()
    {
        FILE *fp;
        int i,m=0;
        fp=fopen("data","ab+");
        while(!feof(fp))
        {
            if(fread(&stu[m],LEN,1,fp)==1)
                m++;
        }
        printf("学号\t 姓名\t 性别\t 出生年月\t 工作年月\t 住址\t 电话\t 成绩\n");
        for(i=0;i<=10;i++)
        {
            printf(FORMAT,DATA);
        }
    }
void show()
    {
        FILE *fp;
        int i,m=0;
        fp=fopen("data","ab+");
        while(!feof(fp))
        {
            if(fread(&stu[m],LEN,1,fp)==1)
```

```
            m++;
        }
    fclose(fp);
    printf("学号\t 姓名\t 性别\t 出生年月\t 工作年月\t 住址\t 电话\t 成绩\n");
    for(i=0;i<m;i++)
        {
            printf(FORMAT,DATA);
        }
}
void menu()
{
    system("cls");
    printf("\n\n\n\n\n");
    printf("\t\t|---------------STUDENT-------------|\n");
    printf("\t\t|    0. 退出                        |\n");
    printf("\t\t|    1. 新增一名学生                |\n");
    printf("\t\t|    2. 删除一名学生                |\n");
    printf("\t\t|    3. 查询                        |\n");
    printf("\t\t|    4. 修改                        |\n");
    printf("\t\t|    5. 排序                        |\n");
    printf("\t\t|----------------------------------------|\n");
    printf("\t\t\t 请选择操作(0-5):");
}
void del()
{
    FILE *fp;
    int snum,i,j,m=0;
    char ch[2];
    if((fp=fopen("data","ab+"))==NULL)
    {
        printf("无法打开\n");
        return;
    }
    while(!feof(fp))
        if(fread(&stu[m],LEN,1,fp)==1)
            m++;
    fclose(fp);
    if(m==0)
    {
```

```
        printf("没有记录!\n");
        return;
    }
    printf("请输入学号:");
    scanf("%d",&snum);
    for(i=0;i<m;i++)
        if(snum==stu[i].num)
            break;
    if(i==m)
    {
        printf("can not find");
        getchar();
        return;
    }
    printf("找到这个学生了,是否删除? (y/n)");
    scanf("%s",ch);
    if(strcmp(ch,"Y")==0||strcmp(ch,"y")==0)
    {
        for(j=i;j<m;j++)
            stu[j]=stu[j+1];
        m--;
        printf("删除成功!\n");
    }
    if((fp=fopen("data","wb"))==NULL)
    {
        printf("无法打开\n");
        return;
    }
    for(j=0;j<m;j++)
        if(fwrite(&stu[j],LEN,1,fp)!=1)
        {
            printf("无法保存!\n");
            getch();
        }
    fclose(fp);
}
void search()
{
    FILE *fp;
```

```c
    int snum,i,m=0;
    char ch[2];
    if((fp=fopen("data","ab+"))==NULL)
    {
        printf("can not open\n");
        return;
    }
    while(!feof(fp))
        if(fread(&stu[m],LEN,1,fp)==1)
            m++;
    fclose(fp);
    if(m==0)
    {
        printf("no record!\n");
        return;
    }
    printf("请输入学号:");
    scanf("%d",&snum);
    for(i=0;i<m;i++)
        if(snum==stu[i].num)
        {
            printf("找到此学生,显示吗? (y/n)");
            scanf("%s",ch);
            if(strcmp(ch,"Y")==0||strcmp(ch,"y")==0)
            {
                printf("学号\t 姓名\t 性别\t 出生年月\t 工作年月\t 住址\t 电话\t
                    成绩\n");
                printf(FORMAT,DATA);
                break;
            }
            else
                return;
        }
    if(i==m)
        printf("can not find the student!\n");
}
void modify()
{
    FILE *fp;
```

```
int i,j,m = 0,snum;
if((fp = fopen("data","ab + ")) = = NULL)
{
    printf("无法打开\n");
    return;
}
while(!feof(fp))
    if(fread(&stu[m],LEN,1,fp) = = 1)
        m + + ;
if(m = = 0)
{
    printf("没有记录!\n");
    fclose(fp);
    return;
}
printf("请输入要修改学生的学号!\n");
scanf("%d",&snum);
for(i = 0;i<m;i + + )
    if(snum = = stu[i]. num)
        break;
if(i<m)
{
    printf("输入姓名:");
    scanf("%s",stu[m]. name);
    printf("性别:");
    while(getchar()! = '\n');
    scanf("%s",stu[m]. sex);
    printf("出生年月:");
    while(getchar()! = '\n');
    scanf("%s",stu[m]. birthday);
    printf("工作年月:");
    while(getchar()! = '\n');
    scanf("%s",stu[m]. workday);
    printf("住址:");
    while(getchar()! = '\n');
    scanf("%s",stu[m]. address);
    printf("电话:");
    while(getchar()! = '\n');
    scanf("%s",stu[m]. phone);
```

```
        while(getchar()! ='\n');
        printf("成绩:");
        scanf("%d",&stu[m]. grade);
    }
    else
    {
        printf("没有该生的记录!");
        getchar();
        return;
    }
    if((fp = fopen("data","wb")) = = NULL)
    {
        printf("can not open\n");
        return;
    }
    for(j = 0;j<m;j + + )
        if(fwrite(&stu[j],LEN,1,fp)! = 1)
        {
            printf("无法保存!");
            getch();
        }
    fclose(fp);
}
```

9. 编写程序。

(1) 有一个文件 aa. txt 中存放了 20 个由小到大排列的整数,从键盘输入一个数,要求把该数插入此文件中,保持文件特性不变。

(2) 编写程序求 1~1000 之间的素数,将所求的素数存入磁盘文件(prime. dat)并显示。

(3) 编写程序实现对一文本反向显示。

(4) 文件 test. dat 中存放了一组整数。分别统计并输出文件中正数、零和负数个数,将统计结果显示在屏幕上,同时输出到文件 test1. dat 中。

(5) 在磁盘文件中存放了 10 个学生的数据,要求将第 1、3、5、7、9 的学生数据输入计算机,并在屏幕上显示出来。

答:参考程序如下。

(1)

```
# include <stdio. h>
# include <stdlib. h>
void main(void)
{
    FILE *fp;
```

```
int i,j,t,x,*p,a[11] = {1,2,3,4,6,7,8,9,10,11};
p = a;
if((fp = fopen("d:\\aa. txt","w")) = = NULL)
{
    printf("Can not open file!\n");
    exit(1);
}
for(i = 0;i<10;i + + )
{
    fwrite(&a[i],sizeof(int),1,fp);
}
fclose(fp);
if((fp = fopen("d:\\aa. txt","a + ")) = = NULL)
{
    printf("Can not open file!\n");
    exit(1);
}
scanf("%d",&x);
for(i = 0;i<10;i + + )
{
    if(x<a[i])
    {
        fseek(fp,i*sizeof(int),0);
        fwrite(&x,sizeof(int),1,fp);
    }
}
fclose(fp);
if((fp = fopen("d:\\aa. txt","r")) = = NULL)
{
    printf("Can not open file!\n");
    exit(1);
}
for(i = 0;i<11;i + + )
{
    fread(&a[i],sizeof(int),1,fp);
}
for(i = 0;i<10;i + + )
{
    for(j = 0;j<10 - i;j + + )
```

```
        {
            if(a[j]>a[j+1])
            {
                t = a[j];
                a[j] = a[j+1];
                a[j+1] = t;
            }
        }
    }
    for(i = 0;i<11;i++)
    {
        printf("%5d",a[i]);
    }
    printf("\n");
}
(2)
#include <stdio. h>
#include <math. h>
int prime(int n)
{
    int i;
    if(n<2)return 0;
    for(i = 2;i< = sqrt(n);i++)
        if(n%i==0)return 0;
    return 1;
}
int main()
{
    int i;
    FILE *fp;
    if((fp = fopen("d:\\0. txt","w")) == NULL)
    {
        printf("File open error!\n");
        return 1;
    }
    fprintf(fp,"%c%c%c",0XEF,0XBB,0XBF);        /*写入文件编码标记*/
    for(i = 2;i<1000;i++)
        if(prime(i))
        {
```

```
            printf("%d ",i);                    /*屏幕输入查看*/
            fprintf(fp,"%d ",i);                 /*输出到文件*/
        }
    fclose(fp);
    getchar();
}
```

（3）

```
#include <stdio. h>
#include <stdlib. h>
void main()
{   char c;
    FILE *fp;
    if((fp = fopen("text. txt","r")) == NULL)
    {   printf("Can not open file. \n");
        exit(1);
    }
    fseek(fp,1,2);
    while((fseek(fp,-1L,1))! = -1)
    {   c = fgetc(fp);
        putchar(c);
        if(c == '\n')
            fseek(fp,-2L,1);
        else
            fseek(fp,-1L,1);
    }
    fclose(fp);
}
```

（4）

```
#include <stdio. h>
void main()
{
    FILE *fp;
    int x[80],i,j,a = 0,b = 0,c = 0;
    if((fp = fopen("number. dat","r")) == NULL)printf("读取失败\n");
    for(i = 0;i<80;i++)
    {
        fscanf(fp,"%d",&x[i]);
        if(x[i] == EOF)break;
    }
```

```
    for(j = 0;j< = i;j + + )
    {
        if(x[i]>0)a + + ;
        if(x[i]<0)b + + ;
        if(x[i] = = 0)c + + ;
    }
    printf("正 = %d,负 = %d,零 = %d\n",a,b,c);
}
```

（5）

```
# include "stdio. h"
int main()
{
    FILE *fp = NULL;
    int ch;
    fp = fopen("D:\\sample. txt","r");          /*打开文件,注意文件存放位置*/
    while(1)
    {
        ch = fgetc(fp);
        if(ch = = EOF)                    /*文件末尾*/
            break;
        printf("%c",ch);
    }                                    /*读取数据,直到文件末尾*/
    fclose(fp);                          /*关闭文件*/
    return 0;
}
```

10. 对企业的职工进行管理。职工对象包括姓名、性别、出生年月、工作年月、学历、职务、住址、电话等信息。由键盘输入职工对象,以文件方式保存。程序执行时先将文件读入内存。功能要求:

（1）新增一名职工:将新增职工对象按姓名以字典方式存储在职工管理文件中。

（2）删除一名职工:从职工管理文件中删除一名职工对象。

（3）查询:从职工管理文件中查询符合某些条件的职工。

（4）修改:检索某个职工对象,对其某些属性进行修改。

（5）排序:按某些需要对职工对象文件进行排序。

答:参考程序如下。

```
# include <stdio. h>
# include <stdlib. h>
# include <windows. h>
# include <string. h>
struct Staff {
```

```
        int Number;
        char name[20];
        char sex;
        int age;
        char education[20];
        float wages;
        char addr[20];
        char Tel[15];
};
struct Staff Staffer[100],Staffer1;
void menu();
void input();
void save(int m);
int read();
void display();
void add();
void search();
void search_name();
void search_EDU();
void search_wages();
void Delete();
void change();
void order();
void order_Num();
void order_name();
void order_age();
void main()
{   int n,f;
    while(1)
    {
        do {
            menu();
            printf("请输入你需要操作的序号(1~8)： ");
            scanf("%d",&n);
            if(n>=1 && n<=8)  {
                f=1;          break;
            }
            else {
                f=0;
```

```
                system("cls");
                printf("\n\t\t\t 您输入有误,请重新选择!");
            }
        }while(f==0);
        switch(n)    {
            case 1:  system("cls");
                     printf("\n");
                     printf("\t\t\t 录入职工信息\n\n");
                     input();
                     break;
            case 2:  system("cls");
                     printf("\n");
                     printf("\t\t\t\t 浏览职工信息\n");
                     display();
                     printf("\n 按 Enter 键继续\n");
                     getchar();
                     getchar();
                     system("cls");
                     break;
            case 3:  system("cls");
                     printf("\n");
                     printf("\t\t\t\t 查询职工信息\n");
                     search();
                     break;
            case 4:  system("cls");
                     printf("\n");
                     printf("\t\t\t\t 删除职工信息\n\n");
                     Delete();
            case 5:  system("cls");
                     printf("\n");
                     printf("\t\t\t\t 修改职工信息\n");
                     display();                        /*调用浏览函数*/
                     change();
                     break;
            case 6:  system("cls");
                     printf("\n");
                     printf("\t\t 职工信息排序\n");
                     order();
                     break;
```

```
      case 7:   system("cls");
                printf("\n");
                printf("\t\t 添加职工信息\n\n");
                add();
                break;
      case 8:   system("cls");
                printf("\n\n\n\n\n\n\t\t\tThank you for using !\n\n\n\n\n\n");
                getchar();
                getchar();
                exit(8);
                break;
      }
   }
}
void menu()     /*菜单函数*/
{
   printf("\n\n");
   printf("                              Welcome to                        \n");
   printf("            Staff Information Management System(SIMS)      \n\n");
   printf("*************************************************************** *\n");
   printf("*           1. 录入职工信息");
   printf("        §   2. 浏览职工信息                            *\n");
   printf("*           3. 查询职工信息");
   printf("        §   4. 删除职工信息                            *\n");
   printf("*           5. 修改职工信息");
   printf("        §   6. 职工信息排序                            *\n");
   printf("*           7. 添加职工信息");
   printf("        §   8. 退出职工系统                            *\n");
   printf("*************************************************************** \n");
   printf("\n");
}
void input()     /*录入函数*/
{   int i,m,num = 0;
    printf("请输入需要创建信息的职工人数(1~100):");
    scanf("%d",&m);
    system("cls");
    printf("\n");
    if(m>100)
    {
```

```
                printf("\t\t\t 超出范围!请重新输入。\n");
                input();
            }
        else{
            for(i=0;i<m;i++)
            {   printf("第%d 个员工信息输入(按回车确认输入):\n",i+1);
                printf("请输入职工号:");
                scanf("%d",&num);
                for(int j=0;j<i;j++)
                    if(Staffer[j]. Number == num)
                    {   printf("职工号为 %d 的员工已存在,请重新输入:",num);
                        scanf("%d",&num);
                        j=0;
                    }
                Staffer[i]. Number = num;
                printf("请输入姓名:   ");
                scanf("%s",Staffer[i]. name);
                printf("请输入性别(F/M):   ");
                getchar();
                scanf("%c",&Staffer[i]. sex);
                printf("请输入年龄:   ");
                scanf("%d",&Staffer[i]. age);
                printf("请输入学历:   ");
                scanf("%s",Staffer[i]. education);
                printf("请输入工资:   ");
                scanf("%f",&Staffer[i]. wages);
                printf("请输入住址:   ");
                scanf("%s",Staffer[i]. addr);
                printf("请输入电话:   ");
                scanf("%s",Staffer[i]. Tel);
                system("cls");
                printf("\n 一个新职工的信息档案创建完毕!\n\n");
            }
            save(m);
            printf("");
        }
}
void save(int m)   /*保存文件函数*/
{   int i;
```

```
    FILE *fp;
    if((fp=fopen("D:\\Staff_list. dat","wb"))==NULL)
                            /*创建文件并判断是否能打开*/
    {   printf("cannot open file!\n");
            exit(0);
    }
    for(i=0;i<m;i++)                /*将内存中职工的信息输出到磁盘文件中去*/
     if(fwrite(&Staffer[i],sizeof(struct Staff),1,fp)!=1)
          printf("file write error!\n");
      fclose(fp);
}
int read()   /*导入函数*/
{   FILE *fp;
    int i=0;
    if((fp=fopen("D:\\Staff_list. dat","rb"))==NULL)
    {   printf("cannot open file!\n");
        exit(0);
    }
    else
    {
        do {
            fread(&Staffer[i],sizeof(struct Staff),1,fp);
            i++;
        } while(feof(fp)==0);
    }
    fclose(fp);
    return(i-1);
}
void display()   /*浏览函数*/
{   int i;
    int m=read();
    printf("\n 贵公司所有职工信息:\n");
    printf("\n 职工号\t 姓名\t 性别\t 年龄\t 学历\t      工资\t 住址\t 电话   \n");
    order_Num();
    for(i=0;i<m;i++)
      printf ("\n  %d\t%s\t  %c\t %d\t%s\t %9. 2f\t%s\t%s\n",Staffer[i]. Number,
           Staffer[i]. name,Staffer[i]. sex,Staffer[i]. age,Staffer[i]. education,
           Staffer[i]. wages,Staffer[i]. addr,Staffer[i]. Tel);
    printf("\n");
```

```
    }
    void Delete()    /*删除函数*/
    {   int m = read();
        int i,j,t,n,f,Num;
        display();    /*调用浏览函数*/
        printf("请输入要删除的职工的职工号：   ");
        scanf("%d",&Num);
        for(f = 1,i = 0;f&&i<m;i + + )
        {   if(Staffer[i]. Number = = Num)
            {
                printf("\n 已找到此人,原始记录为:\n");
                printf("\n 职工号\t 姓名\t 性别\t 年龄\t 学历\t   工资\t 住址\t 电话   \n");
                printf ("\n   %d\t%s\t %c\t %d\t%s\t %9.2f\t%s\t%s\n",Staffer[i]. Number,
                    Staffer[i]. name,Staffer[i]. sex,Staffer[i]. age,Staffer[i]. education,
                    Staffer[i]. wages,Staffer[i]. addr,Staffer[i]. Tel);
                printf("\n 确认删除请按 1,取消删除请按 0:");
                scanf("%d",&n);
                if(n = = 1)
                {   for(j = i;j<m - 1;j + + )
                        Staffer[j] = Staffer[j + 1];
                    f = 0;
                }
                else f = 2;
            }
        }
        system("cls");
        switch(f){
            case 0:m = m - 1;
                    printf("\n\t\t\t\t 删除成功!\n");
                    save(m);      /*调用保存函数*/
                    display();      /*调用浏览函数*/
                    break;
            case 1:printf("\n\t\t\t 对不起,贵公司没有该员工!\n");
                    display();    /*调用浏览函数*/
                    break;
            case 2:printf("\n\t\t\t\t 取消删除!\n");
                    break;
        }
        printf("\n 继续删除请按 1,返回主菜单请按 0:");
```

```
        scanf("%d",&t);
        system("cls");
        switch(t)
        {    case 1：  Delete();
                    break；
            case 0：  system("cls");
                    main();
                    break；
            default：break；
        }
        system("cls");
}
void add()   /*添加函数*/
{   int n = read();
    int i,m,num = 0;
    printf("请输入需要添加信息的职工人数：");
    scanf("%d",&m);
    if(m + n>100)   {
        system("cls");
        printf("\n 对不起,你所构建的职工人数超出范围。请重新输入(0 至%d 之间)：
            \n\n",100 - n);
        add();
    }
    else{
        for(i = n;i<m + n;i + + )
        {   printf("第%d 个员工信息输入(按回车确认输入):\n",i + 1);
            printf("请输入职工号:");
            scanf("%d",&num);
            for(int j = 0;j<i;j + + )
                if(Staffer[j]. Number = = num)
                {   printf("职工号为 %d 的员工已存在,请重新输入:",num);
                    scanf("%d",&num);
                    j = 0;
                }
            Staffer[i]. Number = num;
            printf("请输入姓名： ");
            scanf("%s",Staffer[i]. name);
            printf("请输入性别(F/M)： ");
            getchar();
```

```
            scanf("%c",&Staffer[i]. sex);
            printf("请输入年龄：  ");
            scanf("%d",&Staffer[i]. age);
            printf("请输入学历：  ");
            scanf("%s",&Staffer[i]. education);
            printf("请输入工资：  ");
            scanf("%f",&Staffer[i]. wages);
            printf("请输入住址：  ");
            scanf("%s",&Staffer[i]. addr);
            printf("请输入电话：  ");
            scanf("%s",&Staffer[i]. Tel);
            system("cls");
            printf("\n 一个职工的信息档案创建完毕!请输入下一个职工的信息\n");
            printf("\n");
          }
        save(m + n);
        system("cls");
        printf("\n 添加职工档案完成！  \n");
        display();
        printf("\n 按 Enter 键继续\n");
        getchar();
        getchar();
        system("cls");
      }
}
void search()/*查询函数*/
{  int t,f;
    do {
        printf ("\n 按姓名查询请按 1;按学历查询请按 2;按工资查询请按 3;进入主菜
            单按 0:");
        scanf("%d",&t);
        if(t> = 0 && t< = 4)
        {    f = 1;    break;    }
        else {    f = 0;    printf("您输入有误,请重新选择!");    }
    }while(f = = 0);
    system("cls");
    while(f = = 1){
        switch(t)
        {  case 0:main();
```

```
                break;
        case 1:printf("\n 按姓名查询\n");
                search_name();
                break;
        case 2:printf("\n 按学历查询\n");
                search_EDU();
                break;
        case 3:printf("\n 按工资查询\n");
                search_wages();
                break;
        default:break;
        }
        system("cls");
    }
}
void search_name()/*按姓名查找函数*/
{   char name1[20];
    int i,t,n = 0;
    int m = read();
    printf("\n 请输入要查找的姓名：  ");
    scanf("%s",name1);
    for(i = 0;i<m;i++)
        if(strcmp(name1,Staffer[i]. name) == 0)
        {
            if(n == 0)
            {   printf("\n 已找到以下信息:\n");
                printf("\n 职工号\t 姓名\t 性别\t 年龄\t 学历\t  工资\t 住址\t 电
                    话  \n");
            }
            n++;
            printf("\n  %d\t%s\t  %c\t %d\t%s\t %9.2f\t%s\t%s\n",Staffer[i].
                Number,Staffer[i]. name,Staffer[i]. sex,Staffer[i]. age,
                Staffer[i]. education,Staffer[i]. wages,Staffer[i]. addr,Staffer[i]. Tel);
        }
    if(n == 0)
    {   printf("\n 对不起,贵公司没有该员工!\n");
        getchar();getchar();
    }
    else
```

```
    {   printf("\n 查询到有 %d 个员工符合要求。\n",n);
        printf("\n");
        printf("删除员工请按 1,修改信息请按 2,继续查询请按 3,返回上一层请按 4,
            \n\n\t\t\t 返回主菜单请按 0:");
        scanf("%d",&t);
        switch(t)
        {   case 0:system("cls");
                    main();
                    break;
            case 1:Delete();
                    break;
            case 2:change();
                    break;
            case 3:break;
            case 4:system("cls");
                    search();
                    break;
            default:break;
        }
    }
}
void search_EDU()/*按学历查找函数*/
{   char education1[20];
    int i,t,n=0;
    int m=read();
    printf("\n 请输入要查找的学历:");
    scanf("%s",education1);
    for(i=0;i<m;i++)
        if(strcmp(education1,Staffer[i]. education)==0)
        {
            if(n==0)
            {   printf("\n 已找到以下员工,其记录为:\n");
                printf("\n 职工号\t 姓名\t 性别\t 年龄\t 学历\t  工资\t 住址\t 电话   \n");
            }
            n++;
            printf("\n   %d\t%s\t  %c\t  %d\t%s\t %9. 2f\t%s\t%s\n",
                    Staffer[i]. Number,Staffer[i]. name,Staffer[i]. sex,Staffer[i]. age,
                    Staffer[i]. education,Staffer[i]. wages,Staffer[i]. addr,Staffer[i]. Tel);
        }
```

```
    if(n==0)
    {   printf("\n 对不起,贵公司没有该员工!\n");
        getchar();getchar();
    }
    else
    {   printf("\n 查询到有 %d 个员工符合要求。\n",n);
        printf("\n");
        printf("删除员工请按 1,修改信息请按 2,继续查询请按 3,返回上一层请按 4,\n
            \n\t\t\t 返回主菜单请按 0:");
        scanf("%d",&t);
        switch(t)
        {   case 0:system("cls");
                    main();
                    break;
                case 1:Delete();
                    break;
                case 2:change();
                    break;
                case 3:break;
                case 4:system("cls");
                    search();
                    break;
                default:break;
        }
    }
}
void search_wages()    /*按工资查找函数*/
{   float wages1;
    int i,t,n=0;
    int m=read();
    printf("\n 请输入要查找的工资数额:    ");
    scanf("%f",&wages1);
    for(i=0;i<m;i++)
        if(wages1==Staffer[i]. wages)
        {
            if(n==0)
            {   printf("\n 已找到此员工,其记录为:\n");
                printf("\n 职工号\t 姓名\t 性别\t 年龄\t 学历\t   工资\t 住址\t 电话
                    \n");
```

```
        }
        n + + ;
        printf ("\n   %d\t%s\t   %c\t %d\t%s\t %9. 2f\t%s\t%s\n",
            Staffer[i]. Number, Staffer[i]. name, Staffer[i]. sex, Staffer[i]. age,
            Staffer[i]. education, Staffer[i]. wages, Staffer[i]. addr, Staffer[i]. Tel);
        break;
    }
    if(n = = 0)
    {   printf("\n 对不起,贵公司没有该员工!\n");
        getchar();
        getchar();
    }
    else
    {   printf("\n 查询到有 %d 个员工符合要求。\n", n);
        printf("\n");
        printf ("删除员工请按 1,修改信息请按 2,继续查询请按 3,返回上一层请按 4,\n
            \n\t\t\t 返回主菜单请按 0:");
        scanf("%d", &t);
        switch(t)
        {   case 0:system("cls");
                    main();
                    break;
            case 1:Delete();
                    break;
            case 2:change();
                    break;
            case 3:break;
            case 4:system("cls");
                    search();
                    break;
            default:break;
        }
    }
}
void change()    /*修改函数*/
{   int Number;
    char name[20];
    char sex;
    int age;
```

```
char education[20];
float wages;
char addr[20];
char Tel[15];
int b=1,c,i,n,t,k=0;
int m=read();                    /*导入文件内的信息*/
printf("\n");
printf("请输入要修改的职工的职工号：  ");
scanf("%d",&Number);
system("cls");
for(i=0;i<m;i++)
{   if(Staffer[i]. Number==Number)
    {   k=1;
        printf("\n 已找到该职工号员工,其记录为:\n");
        printf("\n 职工号\t 姓名\t 性别\t 年龄\t 学历\t   工资\t 住址\t 电话  \n");
        printf("\n   %d\t%s\t  %c\t %d\t%s\t %9.2f\t%s\t%s\n",Staffer[i].
            Number,Staffer[i]. name,Staffer[i]. sex,Staffer[i]. age,Staffer[i]. education
            ,Staffer[i]. wages,Staffer[i]. addr,Staffer[i]. Tel);
        printf("\n 确认修改请按 1,取消修改请按 0:");
        scanf("%d",&n);
        if(n==1)
    {   printf ("\n 需要进行修改的选项\n 1. 职工号  2. 姓名  3. 性别  4. 年
            龄  5. 学历  6. 工资  7. 住址  8. 电话  \n");
        printf("请输入你想修改的那一项序号：  ");
        scanf("%d",&c);
        do  {
            switch(c)
            {   case 1:printf("职工号改为:");
                        scanf("%d",&Number);
                        Staffer[i]. Number=Number;
                        break;
                case 2:printf("姓名改为:");
                        scanf("%s",name);
                        strcpy(Staffer[i]. name,name);
                        break;
                case 3:printf("性别改为:");
                        scanf("%c",&sex);
                        Staffer[i]. sex=sex;
                        break;
```

```
            case 4:printf("年龄改为:");
                   scanf("%d",&age);
                   Staffer[i].age = age;
                   break;
            case 5:printf("学历改为:");
                   scanf("%s",education);
                   strcpy(Staffer[i].education,education);
                   break;
            case 6:printf("基本工资改为:");
                   scanf("%f",&wages);
                   Staffer[i].wages = wages;
                   break;
            case 7:printf("住址改为:");
                   scanf("%s",&addr);
                   strcpy(Staffer[i].addr,addr);
                   break;
            case 8:printf("电话改为:");
                   scanf("%s",Tel);
                   strcpy(Staffer[i].Tel,Tel);
                   break;
            }
            printf("\n 确认修改 请按 1,重新输入 请按 2:   ");
            scanf("%d",&b);
            if(b == 1)
            {
                   system("cls");
                   save(m);
                   printf("\n");
                   display();
            }
        } while(b == 2);
      }
    }
    else if(i == (m - 1))i++;
}
if(k == 0){
    printf("\n 对不起,您输入有误!\n");
    getchar();
    getchar();
```

```
        }
        else{
            printf("\n 继续修改请按 1,退出修改请按 0：  ");
            scanf("%d",&t);
        }
        system("cls");
        switch(t)
        {   case 1:display();
                    change();
                    break;
            case 0:break;
            default:break;
        }
        system("cls");
}
void order()/*排序函数*/
{   int d,f;
    do {
        printf("\n 按姓名排序请按 1,按年龄排序请按 2,返回主菜单请按 0：  ");
        scanf("%d",&d);
        if(d>=0 && d<=2)
        {      f=1;      break;      }
        else
        {   f=0;
            printf("对不起,您输入有误,请重新选择!");
        }
    }while(f==0);
    system("cls");
    while(f==1){
        switch(d)
        {   case 1:printf("\n 按姓名排序为(字母由小到大排列):\n");
                    order_name();
                    break;
            case 2:printf("\n 按年龄排序为(由低到高排列):\n");
                    order_age();
                    break;
            case 0:system("cls");
                    main();
                    break;
```

```c
        }
        system("cls");
    }
}
void order_Num()/*按职工号排序函数*/
{   int i,j;
    int m = read();
    for(i = 0;i<m-1;i++)
        for(j = 0;j<m-1-i;j++)
            if(Staffer[j]. Number>Staffer[j+1]. Number)/*排序*/
            {   Staffer1 = Staffer[j];
                Staffer[j] = Staffer[j+1];
                Staffer[j+1] = Staffer1;
            }
    save(m);
}
void order_name()/*按姓名排序函数*/
{   int i,j,k;
    int m = read();
    for(i = 0;i<m-1;i++)
        for(j = 0;j<m-1-i;j++)/*冒泡法排序*/
            if(strcmp(Staffer[j]. name,Staffer[j+1]. name)>0)
            {   Staffer1 = Staffer[j];
                Staffer[j] = Staffer[j+1];
                Staffer[j+1] = Staffer1;
            }
    save(m);
    printf("\n 职工号\t 姓名\t 性别\t 年龄\t 学历\t   工资\t 住址\t 电话   \n");
    for(i = 0;i<m;i++)
    printf ("\n   %d\t%s\t   %c\t %d\t%s\t %9. 2f\t%s\t%s\n",Staffer[i]. Number,
        Staffer[i]. name,Staffer[i]. sex,Staffer[i]. age,Staffer[i]. education,
        Staffer[i]. wages,Staffer[i]. addr,Staffer[i]. Tel);
    printf("\n 返回上一层请按 1,返回主菜单请按 0:   ");
    scanf("%d",&k);
    switch(k)
    {   case 1:system("cls");
                order();
                break;
        case 0:system("cls");
```

```
            main();
            break;
        default:break;
    }
    system("cls");
}
void order_age()/*按年龄排序函数*/
{   int i,k,j;
    int m = read();
    for(i = 0;i<m-1;i++)
        for(j = 0;j<m-1-i;j++)
            if(Staffer[j].age>Staffer[j+1].age)/*排序*/
            {    Staffer1 = Staffer[j];
                 Staffer[j] = Staffer[j+1];
                 Staffer[j+1] = Staffer1;

            }
    save(m);
    printf("\n 职工号\t 姓名\t 性别\t 年龄\t 学历\t   工资\t 住址\t 电话   \n");
    for(i = 0;i<m;i++)
    printf ("\n   %d\t%s\t   %c\t %d\t%s\t %9.2f\t%s\t%s\n",Staffer[i].Number,
        Staffer[i].name,Staffer[i].sex,Staffer[i].age,Staffer[i].education,
        Staffer[i].wages,Staffer[i].addr,Staffer[i].Tel);
    printf("\n 返回上一层请按 1,返回主菜单请按 0:   ");
    scanf("%d",&k);
    switch(k)
    {    case 1:system("cls");
             order();
             break;
         case 0:system("cls");
             main();
             break;
         default:break;
    }
    system("cls");
}
```

第 2 部分

C 语言程序设计实验

实验 1   C 语言程序的运行环境和 简单 C 源程序的调试

一、实验目的

1. 了解 C 语言编译环境,掌握在 Visual C++ 6.0 环境如何编辑、编译和运行 C 源程序;
2. 掌握 C 语言的各种数据类型以及整型、字符型、实型变量的定义;
3. 掌握 C 语言中有关算术运算符及表达式的使用。

二、实验准备

熟悉 C 语言程序的书写规则、上机调试步骤;熟悉 C 语言的数据类型;熟悉 C 语言表达式的构成、运算规则等内容。首先对常用实验环境进行介绍。

1. Turbo C 2.0

Turbo C 2.0 是最古老的 C 语言编程平台之一,它不仅是一个快捷、高效的编译程序,同时还有一个易学、易用的集成开发环境。使用 Turbo C 2.0 无须独立地编辑、编译和连接程序,就能建立并运行 C 语言程序。因为这些功能都组合在 Turbo C 2.0 的集成开发环境内,并且可以通过一个简单的主屏幕使用这些功能。Turbo C 2.0 可运行于 IBM-PC 系列微机,包括 XT,AT 及 IBM 兼容机。但目前在软硬件配置较高的电脑上很难使用。

2. Turbo C For Windows

Turbo C For Windows 是一款优秀的 C 语言编程软件,是 C 语言初学者的好帮手。它与 Turbo C 2.0 相比有着明显的优势。

(1) 运行于 Windows(98/ME/2000/XP)环境,具有友好的操作界面;

(2) 内置更加强大的 C 语言函数库。

3. C-Free

C-Free 是一款支持多种编译器的专业化 C/C++集成开发环境(IDE)。利用 C-Free,使用者可以轻松地编辑、编译、连接、运行、调试 C/C++程序。适合目前大多数操作系统环境。

4. Dev-C++

Dev-C++是一个 Windows 环境下 C/C++的集成开发环境,使用 Ming W64/TDM-GCC 编译器,能够适用目前最新的操作系统环境。

5. Visual C++ 6.0

由于这些年 C++语言程序的普及,Visual C++ 6.0 集成开发环境作为一种功能强大的程序编译器也被相当多的程序员所使用,使用 Visual C++ 6.0 也能够完成 C 语言的编译。

由于 Visual C++ 6.0 集成开发环境运行于 Windows 下,对习惯于图形界面的用户来说是比较易学的,因此,这里简要介绍一下如何用 Visual C++ 6.0 来完成 C 语言程序的设计。
Visual C++ 6.0 也有多种版本,本书中使用比较普及的 Visual C++ 6.0 集成开发环境。

三、实验内容

1. 创建一个新的文件夹

为了方便管理自己的 C 语言程序,在启动 Visual C++ 6.0 集成开发环境前,首先在 E 盘创建一个新的文件夹"CSy1",以便存放自己的 C 语言程序。

2. 启动 Visual C++ 6.0 集成开发环境

如图 2-1 所示,单击"开始"→"程序"→Microsoft Visual Studio 6.0→Microsoft Visual C++6.0,就可以启动 Visual C++ 6.0 集成开发环境。

启动后的 Visual C++ 6.0 中文版集成开发环境如图 2-2 所示。

3. 开始一个新程序

（1）创建文件

单击主菜单中的"文件"→"新建"菜单命令,弹出"新建"对话框,在"新建"对话框中选择"文件"选项卡。在左边列出的选项中,选择"C++Source File";在右边的相应对话框中,输入文件名称"c1-1.c"及保存的位置,如图 2-3 所示。单击"确定"按钮。

进入 Visual C++ 6.0 集成环境的代码编辑窗口,如图 2-4 所示。

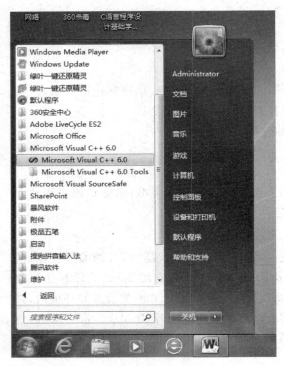

图 2-1　启动 Visual C++ 6.0 的方法

图 2-2　Visual C++ 6.0 中文版集成开发环境

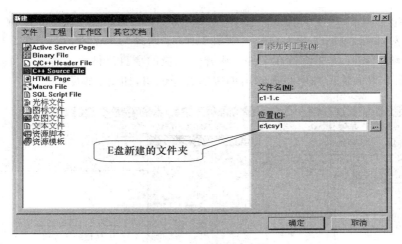

图 2-3　创建新的 C 源文件

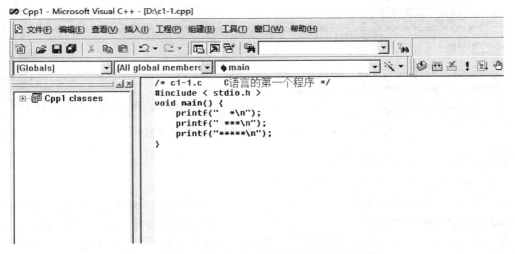

图 2-4　Visual C++ 6.0 集成环境的代码编辑窗口

（2）代码编辑

在 Visual C++ 6.0 代码编辑窗口中，输入如下所示的源代码，完成后如图 2-4 中所示。

程序代码：

```
/*c1-1.c     C语言的第一个程序*/
#include <stdio.h>
void main(){
    printf("   *\n");
    printf("  ***\n");
    printf(" *****\n");
}
```

（3）程序的编译、连接与运行

该操作主要将 C 语言源代码编译成计算机能执行的目标代码。

单击主菜单下的"组建"→"编译[c1-1. c]"（或者是工具栏上的按钮或按快捷键 Ctrl＋F7），此时将弹出一个对话框，询问是否创建一个项目工作区，选择"是（Y）"。Visual C＋＋ 6.0 集成开发环境会自动在 c1-1. c 文件所在文件夹中建立相应的项目文件。

编译时，在下方的输出框中将显示出相应的编译说明，如图 2-5 所示。

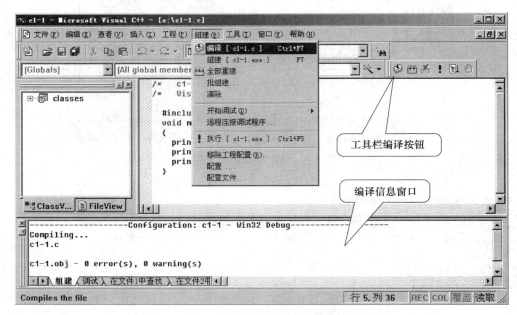

图 2-5　　Visual C＋＋ 6.0 集成环境下编译源程序

如果代码编译无误，最后将显示：

c1-1. obj-0 error(s), 0 warning(s)

这说明在程序编译过程中没有出现错误（error）和警告（warning），生成目标文件

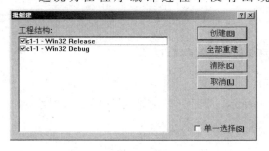

图 2-6　　Visual C＋＋ 6.0 集成环境下批组建对话框

c1-1. obj，程序编译顺利完成。目标文件（. obj）不能被计算机直接执行，接下来将目标文件（. obj）和相关的库函数或目标程序连接成为可执行程序（. exe）。

单击主菜单下的"组建"→"批组建"命令，将弹出如图 2-6 所示的对话框。

确保选中"c1-1-Win32 Release"复选框，这样生成的可执行文件才是发行版的程序，否则生成的是调试（Debug）版的程序。

单击"创建"按钮，生成可执行文件 c1-1. exe。如果在"批组建"对话框中选中了两个复选框，可以看到程序中生成了两个 c1-1. exe 可执行文件，一个文件为调试版本，存储在与 c1-1. c 同一文件夹下的 Debug 文件夹中；另一个是发行版本，保存在与 c1-1. c 同一文件夹下的 Release 文件夹中。

这一步只是为了生成发行版的程序文件，只有在程序准备发行时才需要执行这种编译。在通常情况下，可以单击主菜单下的"组建"→"组建[c1-1. exe]"（或工具栏按钮或按快捷键

F7)，直接生成调试版本程序就可以了。

编译、连接完成后，c1-1. exe 已经是一个独立的可执行程序，可以在 Windows 资源管理器中直接执行，也可以在 Visual C++ 6.0 集成开发环境中运行。

单击主菜单下的"组建"→"执行[c1-1. exe]"（或工具栏按钮或按快捷键 Ctrl+F5），此时弹出一个控制台程序窗口，程序正确运行，如图 2-7 所示。按任意键后返回 Visual C++ 6.0 集成开发环境。

图 2-7　Visual C++ 6.0 集成环境下程序运行结果

（4）关闭工作空间

当第 1～3 步工作完成后，应该将工作保存下来，并关闭工作空间，以便做下一个新的程序。单击主菜单下的"文件"→"保存全部"，然后再单击"文件"→"关闭工作空间"菜单命令，询问确认要关闭所有文档窗口，选择"是(Y)"。

4. 按照以上的操作流程，输入下面的程序，运行并查看输出结果

```
/*c1-2. c      C 语言的第二个程序*/
#include <stdio. h>
void main(){
    int c,a＝3,b＝5;
    c＝a＋b;
    printf("a＝%d,b＝%d,c＝%d\n",a,b,c);
}
```

5. 打开已有的文件

在打开已有的文件时一定要先确认关闭了工作空间，然后单击主菜单下的"文件"→"打开"命令，选择创建的 c1-1. c 文件，然后打开。

6. 重新开始一个新的程序

关闭所有工作空间，点击 Visual C++ 6.0 窗口的关闭按钮即可退出 Visual C++ 6.0 集成环境，按照第 2 和 3 的步骤再次进入 Visual C++ 6.0 集成环境，输入以下程序。

```
/*c1-3. c      C 语言的第三个程序*/
#include <stdio. h>
void main(){
    int a＝38;
```

```
    printf("%d,%5d,%-5d\n",a,a,a);
    printf("%d,%o,%x,%u\n",a,a,a,a);
}
```

注意观察两个 printf 函数语句输出结果有何不同?

7. 在 Visual C++ 6.0 集成环境,输入以下程序。

```
/*c1-4.c        C 语言的第四个程序*/
#include <stdio.h>
void main(){
    long int a = 32767;
    printf("a = %ld\t",a);
    printf("a = %u\t",a);
    printf("a = %d\n",a);
}
```

将程序中的变量 a 改为 a=65535,并再次运行程序,观察结果。

8. 在 Visual C++ 6.0 集成环境,输入以下程序。

```
/*c1-5.c        C 语言的第五个程序*/
#include <stdio.h>
void main(){
    char c1 = 97,c2 = 98;
    int a = 97,b = 98;
    printf("%3c,%3c\n",c1,c2);
    printf("%d,%d\n",c1,c2);
    printf("\n%c %c\n",a,b);
}
```

观察程序运行结果,掌握 int 与 char 类型数据的互通性。

9. 在 Visual C++ 6.0 集成环境,输入以下程序。

```
/*c1-6.c        C 语言的第六个程序*/
#include <stdio.h>
void main(){
    int a,b;
    a = 2;
    b = 1 % a;
    printf("%d\n",1/ a);
    printf("b = %d\n",b);
    printf("%f  %f\n",(float)(1/ a),(float)b);
}
```

观察程序运行结果,从中掌握类型转换运算符的使用。

10. 在 Visual C++ 6.0 集成环境,输入以下程序。

```
/*c1-7.c        C 语言的第七个程序*/
```

```
#include <stdio. h>
void main(){
    int i,j;
    i = 3；
    j = 4；
    printf("%d,%d\n",i++ ,++ j)；
    printf("%d,%d\n",i,j)；
    printf("%d,%d\n",-i++ ,-++ j)；
}
```

观察程序运行结果,从中掌握自增自减运算符的使用。

11. 在 Visual C++ 6.0 集成环境,输入以下程序。

```
/*c1-8. c    C 语言的第八个程序*/
#include <stdio. h>
void main(){
    int a,b；
    a = 5；
    a = a - a * a；
    printf("a = %d\n",a)；
    b = (a = 3 * 5,a * 4,a + 5)；
    printf("a = %d,b = %d\n",a,b)；
}
```

观察程序运行结果,从中掌握复合赋值运算符、逗号运算符的使用。

12. 下面程序,计算当 x=2.5,a=7,y=4.7 时,表达式 x+a % 3 * (int)(x+y)% 2/ 4 的运算结果 z 的值并输出。

```
/*c1-9. c    C 语言的第九个程序*/
#include <stdio. h>
void main(){
    _____ a = 7；
    float x = 2. 5,y = 4. 7,z；
    z = x + a % 3 * (int)(x + y)% 2/ 4；
    printf("z = %f\n",z)；
}
```

程序不完整,请删除横线后填空并运行程序。

提示:空格中填入变量 a 的类型定义"int"。

四、实验注意事项

1. 在 Visual C++ 6.0 集成环境中,如何对 C 语言程序进行创建、运行、查看结果和退出。

Visual C++ 6.0 集成环境中操作可以通过菜单、按钮、热键实现。另外,在源程序文件编辑过程中,还可以进行复制、移动、删除等常用文件编辑操作。

注意 C 语言程序的编辑与显示结果界面是两个不同的界面。

2. 由于 C 语言程序运行必须从 main 函数开始,因此一个 C 语言程序要有一个 main 函数,且只能有一个 main 函数。当一个程序运行结束之后,一定要关闭工作空间即"文件"→"关闭工作空间",然后再开始创建一个新的 C 语言程序。

3. 在程序的输入过程中需要注意以下事项:

(1) 注意区分大小写;

(2) 注意程序中需要空格的地方一定要留空格(如"int a=3,b=5;"语句中的 int 和 a 之间必须留空格);

(3) 注意"\"与"/"的区别;

(4) 定义的变量类型与输入的数据类型要一致,输出时的格式一定要满足数据大小;

(5) 注意实验内容 12 中当运算对象均为整数时"/"运算符的使用,"%"运算符两边一定是整型数据;

(6) 注意自增与自减运算符的运算规则,仔细分析实验内容 10 中程序的输出结果。

五、思考题

1. 有如下程序:
```
#include <stdio.h>
void main(){
    int a=-1;
    printf("%d,%o,%x,%u\n",a,a,a,a);
}
```
printf 语句的运行结果是_____。

2. 有如下程序:
```
#include <stdio.h>
void main(){
    char c1=65,c2=66;
    int a=65,b=66;
    printf("%3c,%3c\n",c1,c2);
    printf("%d,%d\n",c1,c2);
    printf("%c %c\n",a,b);
}
```
最后一个 printf 语句的运行结果是_____。

3. 有如下程序:
```
#include <stdio.h>
void main(){
    int i,j;
    i=7;
```

```
        j=9;
        printf("%d   %d\n",i++,++j);
        printf("%d,%d\n",i,j);
        printf("%d,%d\n",-i--,--j);
}
```

最后一个 printf 语句的运行结果是＿＿＿＿＿＿＿＿。

4. 程序填空：

```
#include <stdio.h>
#include <math.h>
void main(){
        int a=1,b=4,c=2;
        _____ x=10.5,y=4.0,z;
        z=(a+b)/c+sqrt((double)y)*1.2/c+x;
        printf("z=%f \n",z);
}
```

程序中空格处应填＿＿＿＿＿＿＿＿。

实验 2　数据类型、运算符和表达式

一、实验目的

1. 了解 C 语言数据类型的意义,掌握基本数据类型变量的特点和定义方法;
2. 学会使用 C 语言的算术运算符,以及包含这些运算符的算术表达式;
3. 掌握自增(++)和自减(--)运算符的使用;
4. 进一步熟悉 C 语言程序的编辑、编译、连接和运行的过程。

二、实验准备

1. 掌握基本数据类型包括整型、字符型、实型的定义方法;
2. 上机前先阅读和编写实验内容中要调试的程序;
3. 上机输入和调试程序并保存在磁盘上。

三、实验内容

1. 调试程序,分析输出结果。

(1) 输入并运行以下程序。

```c
#include <stdio.h>
void main(){
    float a,b;
    a = 123456.789e5;
    b = a + 20;
    printf("a = %f,b = %f\n",a,b);
}
```

将"float a,b;"改为:

double a,b;

重新运行该程序,分析运行结果。

说明:由于实型变量的值是用有限的存储单元存储,因此其有效数字的位数是有限的。float 型变量最多只能保证 7 位有效数字,后面的数字是无意义的,不能准确表示该数。

(2) 输入并运行以下程序。

```c
#include <stdio.h>
void main(){
    char c1,c2;
    c1 = 97;
```

```
        c2 = 98;
        printf("%c %c\n",c1,c2);
        printf("%d %d\n",c1,c2);
    }
```

① 将"char c1,c2;"改为:"int c1,c2;"再次运行。

② 再将"c1=97;"改为:"c1=300;","c2=98;"改为:"c2=400;"再次运行,并分析运行结果。

说明:字符型数据可作为整型数据处理,整型数据也可以作为字符型数据处理,但应注意字符数据只占一个字节,它只能存放 0~255 范围的整数。

2. 完成以下填空,并调试程序,写出运行结果。

计算由键盘输入的任意两个整数的平均值。

```
# include <stdio. h>
void main(){
    int x,y;
    _____(1)_____ ;
    scanf("% d,%d",&x,&y);
    _____(2)_____ ;
    printf("The average is:%f\n",a);
}
```

提示:空格(1)主要对变量 a 进行定义,例如:float a。空格(2)计算出 x,y 的平均值并存放到变量 a 中,例如:a=(x+y)/2。

3. 指出以下程序的错误并改正,并上机调试程序。

```
# include <stdio. h>
void main();{
    int a;
    a = 5;
    printf("a = %d,a)
}
```

4. 编写程序并上机运行。

要将"China"译成密码,译码规律是:用原来字母后面的第 3 个字母代替原来的字母。例如,字母"A"后面第 3 个字母是"D",用"D"代替"A"。因此,"China"应译为"Fklqd"。请编一程序,用赋初值的方法使 c1,c2,c3,c4,c5 五个变量的值分别为'C','h','i','n','a',经过运算,使 c1,c2,c3,c4,c5 分别变为'F','k','l','q','d',并输出。输入程序,并运行该程序。分析结果是否符合要求。

四、实验注意事项

1.C 语言程序中++和−−运算符只能用于变量,不能用于常量或表达式,两个++和−−之间不能存在空格。

2. 注意 C 语言程序中运算符的优先级和结合性,特别是具有右结合性的运算符,比如赋值运算符"＝"就是典型的右结合运算符,这些与普通数学运算不同,应注意区别,避免出现错误。

五、思考题

1. 总结各种整型变量的取值范围。
2. 总结各种实型变量的有效数字位数和取值范围。
3. 总结算术运算符和自增自减运算符的优先级与结合性。

实验 3 　选择结构程序设计

一、实验目的

1. 掌握 C 语言关系表达式和逻辑表达式的运算规则和使用方法；
2. 正确使用条件控制语句(if 语句、switch-case 语句)进行选择结构程序设计。

二、实验准备

1. 关系运算符和关系表达式、逻辑运算符和逻辑表达式；
2. if 语句的三种形式(单分支、双分支、多分支)，以及 if 语句的嵌套；
3. switch-case 语句的形式。

三、实验内容

1. 分析下面程序，掌握关系及逻辑表达式的运算规则。

```
/*c3-1.c  关系表达式和逻辑表达式运算规则*/
#include <stdio.h>
void main(){
    int a=3,b=5,c=8;
    if(a++<3 && c--!=0)b=b+1;
    printf("a=%d\tb=%d\tc=%d\n",a,b,c);
}
```

注意该程序中的条件判断表达式 a++<3 && c--!=0 是一个逻辑表达式，关系表达式 a++<3 的值为假，因此后一部分 c--!=0 将不再计算。试比较下列各部分运行结果。

```
#include <stdio.h>
void main(){
    int a=3,b=5,c=8;
    if(a++<3 && c--!=0)b=b+1;
    printf("a=%d\tb=%d\tc=%d\n",a,b,c);
    a=3,b=5,c=8;
    if(c--!=0 && a++<3)b=b+1;
    printf("a=%d\tb=%d\tc=%d\n",a,b,c);
    a=3,b=5,c=8;
    if(a++<3 || c--!=0)b=b+1;
    printf("a=%d\tb=%d\tc=%d\n",a,b,c);
```

```
    a = 3,b = 5,c = 8;
    if(c -- ! = 0 || a ++ <3)b = b + 1;
    printf("a = %d\tb = %d\tc = %d\n",a,b,c);
}
```

2. 输入下面两段程序并运行,掌握 case 语句中 break 语句的作用。

(1) 不含 break 的 switch 结构

```
/*c3-2. c　不含 break 的 switch 结构*/
#include <stdio. h>
void main(){
    int a,m = 0,n = 0,k = 0;
    scanf("%d",&a);
    switch(a){
    case 1:
        m ++ ;
    case 2:
    case 3:
        n ++ ;
    case 4:
    case 5:
        k ++ ;
    }
    printf("%d,%d,%d\n",m,n,k);
}
```

(2) 含 break 的 switch 结构

```
/*c3-3. c　含 break 的 switch 结构*/
#include <stdio. h>
void main(){
    int a,m = 0,n = 0,k = 0;
    scanf("%d",&a);
    switch(a){
    case 1:
        m ++ ;
        break;
    case 2:
    case 3:
        n ++ ;
        break;
    case 4:
    case 5:
```

```
        k++;
    }
    printf("%d,%d,%d\n",m,n,k);
}
```

分别从键盘输入 1、3、5,写出程序运行的结果。

3. 完善程序,从键盘输入 x 的值,按下式计算 y 的值。

$$y = \begin{cases} x & x < 1 \\ 2x-1 & 1 \leqslant x < 10 \\ 3x-11 & x \geqslant 10 \end{cases}$$

编程提示:注意逻辑表达式的正确表达方法,数学中的 $1 \leqslant x < 10$ 应使用 C 语言的逻辑表达式 $(x >= 1 \&\& x < 10)$ 来表示。

下面是用多分支选择结构编写的原程序。

```
#include <stdio.h>
void main(){
    float x,y;                           /*定义变量*/
    scanf("%f",&x);                      /*输入 x*/
    if(x<1)y=x;                          /*按 y=x 为变量 y 赋值*/
    else if(x>=1 && x<10)y=2*x-1;        /*按 y=2x-1 为变量 y 赋值*/
    else y=3*x-11;                       /*按 y=3x-11 为变量 y 赋值*/
    printf("y=%f\n",y);
}
```

注意:在赋值语句中 2x 应该写成 2*x。

4. 编写程序

给出一个百分制成绩,要求输出相应的等级 A、B、C、D、E。90 分以上为"A",80~89 分为"B",70~79 分为"C",60~69 分为"D",60 分以下为"E"。

编程提示:

(1) 先定义一个整型变量存放百分制成绩、再定义一个字符型变量存放相应的等级成绩;

(2) 输入百分制成绩;

(3) 将百分制成绩除以 10,分档作为 switch 语句中括号内的表达式;

(4) 按case 10:
```
        case  9:
        case  8:
        case  7:
        case  6:
        default:
```
这六种匹配情况分别选择不同的入口,输出转换后的等级成绩。

5. 运行以下程序,从键盘分别输入"20,15","15,20",写出运行结果。

```
#include <stdio.h>
void main(){
```

```
int a,b,t;
t = 0;
scanf("%d,%d",&a,&b);
if(a>b){
    t = a;
    a = b;
    b = t;
}
printf("a = %d,b = %d\n",a,b);
}
```

6. 编写程序

给出一个不多于 3 位的正整数 n,要求:

(1) 求出它是几位数;

(2) 分别打印出每一位数字(数字之间加一个空格);

(3) 按逆序打印出各位数字(数字之间加一个空格)。

编程提示:

(1) 定义变量(考虑需要几个变量)并输入一个 3 位以下的正整数 n。

(2) 将 n 拆分成三个一位数:

表达式 n%10,可将一个三位数 n 拆分出三位数中的个位数;

表达式 n/100,可将一个三位数 n 拆分出三位数中的百位数;

表达式((n%100))/10 或(n−(n/100)∗100)/10,可将一个三位数 n 拆分出三位数中的十位数。

(3) 用一个嵌套的选择结构,按照百位数、十位数是否为 0 决定 n 为几位数。

(4) 按相反的顺序输出 n。

思考:如果是对一个 5 位的正整数进行上述处理,程序应如何改动?

四、实验注意事项

1. C 语言程序中表示比较运算的等号用"= ="表示,赋值运算符用"="表示,不能将赋值号"="用于比较运算。

2. 控制表达式是指任何合法的 C 语言表达式(不只限于关系表达式或逻辑表达式),只要表达式的值为"非零",则为"真","零"则为"假"。

3. 在 if 语句的嵌套结构中,else 与 if 的配对原则是:每个 else 总是与同一个程序中,在前面出现的,而且距它最近的一个尚未配对的 if 构成配对关系。

4. case 及后面的常量表达式,仅起标号作用。控制表达式的值与某个情况常量一旦匹配,那么,在执行下面语句的过程中,只要不遇到 break 语句,就一直执行下去,而不再判别是否匹配。允许出现多个 case 与一组语句相对应的情况。

五、思考题

1. 下面程序的功能是实现表达式 z = (x> = y?x:y)的判断,请将程序填写完整。

```
#include <stdio.h>
void main(){
    int x,y,z;
    printf("Please input x,y:");
    scanf("%d%d",&x,&y);
    if(_____)z = x;
    else z = y;
    printf("z = %d ",z);
}
```

2. 下面程序的运行结果为_____。

```
#include <stdio.h>
void main(){
    int a = 1,b = 5,c = 8;
    if(a + + <3 && c - - ! = 0)b = b + 1;
    printf("a = %d,b = %d,c = %d \n",a,b,c);
}
```

3. 程序填空,从键盘上输入 x 的值,按下式计算 y 的值。

$$y = \begin{cases} x & x < 10 \\ 4x - 6 & 10 \leqslant x < 20 \\ x/5 + 12 & x \geqslant 20 \end{cases}$$

```
/*多分支结构的程序*/
#include <stdio.h>
void main(){
    float x,y;
    printf("x = ");
    scanf("%f",&x);
    if(_____)y = x;
    else if(x> = 10 && x<20)y = 4 * x - 6;
    else y = x/ 5 + 12;
    printf("y = %f\n",y);
}
```

4. 运行以下程序,从键盘输入"22,13",运行结果为_____。

```
/*分支结构的程序*/
#include <stdio.h>
void main(){
    int a,b,t;
    t = 0;
    scanf("%d,%d",&a,&b);
    if(a<b){
```

```
        t = a;
        a = b;
        b = t;
    }
    printf("b = %d\n", b);
}
```

实验 4   循环结构程序设计(一)

一、实验目的

1. 掌握用 while,do-while,for 语句实现循环结构的方法;

2. 掌握在使用条件型循环结构的程序时,如何正确地设定循环条件,以及如何控制循环的次数;

3. 掌握与循环有关的算法。

二、实验准备

掌握 while,do-while,for 语句的语法格式,并能使用这三种语句编写、调试单层循环结构的程序。

三、实验内容

1. 分析并运行下面程序段,循环体的执行次数是_____。

```
int a = 10,b = 0;
do { b += 2;a -= 2 + b;}   while(a >= 0);
```

2. 当执行以下程序段时,循环体执行的次数是_____。

```
x = -1;
do { x = x * x;} while(!x);
```

3. 编程求 1!+2!+3!+…+20! 的值。

注意:根据题目,考虑所定义的各个变量的类型区别。程序代码如下:

```
/*c4-1. c   求 1!+2!+3!+…+20!*/
# include <stdio. h>
void main()
{
    int i,p = 1;
    long int sum;
    sum = 0;
    for(i = 1;i <= 20;i++)
    {
      p = p * i;
      sum = sum + p;
    }
```

```
        printf("sum = %ld\n",sum);
    }
```

4. 编写一个程序，求出两个正整数 m 和 n 的最大公约数和最小公倍数。

编程提示：求最大公约数的常用方法有三种。

(1) 穷举法，即通过循环找到一个整数能同时被 m 和 n 整除，则该数为最大公约数。设 n 为 m 和 n 中较小的数，从 n 开始循环，1 为循环结束，逐个判断。主要程序段如下：

```
for(k = n;k >= 1;k --)   if(m%k == 0 && n%k == 0)break;
```

k 即为最大公约数。

```
/*c4-2.c   求最大公约数算法 1*/
#include <stdio.h>
void main(){
    int m,n,k,z;                    /*其中 z 存储 m,n 的较小者*/
    通过 scanf 函数输入 m,n 值;
    if(m>n)z = n;
    else z = m;
    for(k = z;k >= 1;k --)
        if(m%k == 0 && n%k == 0)break;
    输出 k 值;
}
```

(2) 辗转相减法，即尼考曼彻斯法，其特色是做一系列减法，从而求得最大公约数。设两个整数 m 和 n：

① 若 m>n，则 m＝m－n

② 若 m<n，则 n＝n－m

③ 若 m＝n，则 m(或 n)即为两数的最大公约数

④ 若 m≠n，则继续执行①。主要程序段如下：

```
while(m! = n)
    if(m>n)   m = m - n;
    else   n = n - m;
```

变量 m 或 n 的值即为最大公约数。

```
/*c4-3.c   求最大公约数算法 2*/
#include <stdio.h>
void main(){
    int m,n;
    通过 scanf 函数输入 m,n 值;
    while(m! = n)
        if(m>n)   m = m - n;
        else   n = n - m;
    输出 m 或 n 值;
}
```

（3）用辗转相除法,即将求 m 和 n 的最大公约数问题转化为求其中的除数和两个数相除所得余数的公约数。每次循环中,先求两个数的余数,然后以除数作为被除数,以余数作为除数,当余数为 0 时结束循环,此时除数即为最大公约数。设 m 和 n 中 n 为较小的数,则可用如下程序段实现:

```c
b = m%n;
while(b! = 0){
    m = n;
    n = b;
    b = m % n;
}
printf("%d\n",n);
/*c4-4.c   求最大公约数算法 3*/
#include <stdio. h>
void main(){
    int m,n,b;
    通过 scanf 函数输入 m,n 值;
    b = m%n;
    while(b! = 0){
        m = n;
        n = b;
        b = m%n;
    }
    输出 n 的值;
}
```

m 和 n 两个数的最大公约数和最小公倍数的关系为:最小公倍数＝m * n/最大公约数,可利用此关系进行程序设计。

5. 编程实现,从键盘上输入一行字符,统计其中英文字母、数字和其他字符的个数。

编程提示:先定义一个字符型的变量（如 c）,再定义 3 个整型变量作为计数器,作为计数器的变量要先赋初值 0。在循环中每次从键盘上读入一个字符,在循环体中对读入的字符进行判断,相应的计数器加 1,当读入的字符为'\n'时结束。

编程中可使用如下的循环结构:

```c
while((c = getchar())! = '\n'){
    if(…)…;
    else if(…)…;
    else…;
}
/*c4-5.c   统计字符串中字母、数字和其他字符的个数*/
#include <stdio. h>
void main(){
```

```
        int m＝0,n＝0,k＝0;
        char c;
        while((c＝getchar())!＝'\n'){
            if(c＞＝'a' && c＜＝'z'||c＞＝'A' && c＜＝'Z')   m++;
            /*判断大写字符和小写字符*/
            else if(c＞＝'0' && c＜＝'9')   n++;
            else   k++;
        }
        输出 m,n,k 值;
}
```

注意:

(1) while((c＝getchar())!＝'\n')中括号的使用,第二层的小括号不能省略,想一想为什么?

(2) 字符常量'0'与数值常量 0 是不同的。

6. 下面程序的功能是:计算 1～100 之间的奇数之和及偶数之和,并输出。请在程序中的横线上填入适当的内容,将程序补充完整并运行。

```
/*c4-6.c   计算 1 到 100 之间的奇数之和及偶数之和*/
#include <stdio.h>
void main(){
    int a,b,c,i;
    _____;      /*变量 a,b,c 初始化*/
    for(i＝1;i＜＝100;i+＝2){
        a+＝i;            /*变量 a 存放奇数的和*/
        b＝i+1;
        c+＝b;            /*变量 c 存放偶数的和*/
    }
    printf("sum of odd numbers is %d\n",a);
    printf("sum of even numbers is %d\n",_____);
}
```

7. 编程打印出所有的“水仙花数”,所谓水仙花数是指一个 3 位数,其各位数字的立方和等于该数本身。如 $153＝1^3+3^3+5^3$。

编程提示:定义一个变量作为循环变量,再定义 3 个变量分别存放三位数的每位数字,在循环体中将一个三位数拆分成个位、十位、百位后判断循环变量的值是否为水仙花数,如果是则输出,否则不输出。程序的基本结构为:

```
/*c4-7.c   打印出所有的“水仙花数”*/
#include <stdio.h>
void main(){
    定义 4 个整型变量;
    for(n＝100;n＜1000;n++){
```

```
        a = n % 10;                /*分离出个位数*/
        b = n / 10 % 10;           /*分离出十位数*/
        c = n / 100;               /*分离出百位数*/
        if(n == a * a * a + b * b * b + c * c * c)
            printf("%d\n",n);
    }
}
```

8. 以下程序的功能是:从键盘上输入若干个学生的成绩,统计并输出最高成绩和最低成绩,当输入负数时结束输入。

请将程序补充完整。

```
/*c4-8.c   求最大值最小值*/
#include <stdio.h>
void main(){
    float x,amax,amin;
    scanf("%f",&x);
    amax = x;
    amin = x;
    while(_____(1)_____){
        if(x>amax)amax = x;
        if(_____(2)_____)amin = x;
        scanf("%f",&x);
    }
    printf("\namax = %f\namin = %f\n",amax,amin);
}
```

编程提示:空格(1)中判断变量 x 是否大于等于 0;空格(2)中判断变量 x 是否小于变量 amin。

9. 求两个正整数[m,n]之间所有既不能被 3 整除也不能被 7 整除的整数之和。

编程提示:定义变量 m,n 和 t,再定义一个循环变量和变量 s,从键盘输入 m 和 n 的值,判断两个变量的值,如果 m>n,则交换两个变量。然后用循环依次判断 m 和 n 之间的每一个数,在循环体中通过条件语句来判断这个数是否既不能被 3 整除也不能被 7 整除,如果满足条件,累加求和,如果不满足,则继续循环。

程序的基本结构如下:

```
/*c4-9.c   按条件求数列和*/
#include <stdio.h>
void main(){
    int m,n,t,i;
    long int sum = 0;
    scanf("%d,%d",&m,&n);
    if(m>n){
```

```
        t = m;
        m = n;
        n = t;
    }
    for(i = m;i< = n;i + + ){
        if(i%3! = 0 && i%7! = 0)sum = sum + i;
    }
    printf("Sum is:%ld \n",sum);
}
```

10. 下面程序的功能是:计算正整数 num 的各位上的数字之和。例如,若输入:252,则输出应该是:9;若输入:202,则输出应该是:4。请将程序补充完整。

```
/*c4-10. c    求整数各位数字之和*/
# include <stdio. h>
void main(){
    int num,k;
    _____(1)_____;                    /*k 赋初值*/
    printf("Please enter a number:");
    scanf("%d",&num);
    do {
        k = _____(2)_____;            /*取最低位并累加*/
        num = num/10;                       /*去掉最低位*/
    } while(num);
    printf("\n%d\n",k);
}
```

编程提示:空格(2)通过求余运算求出最低位,如:num%10。

四、实验注意事项

1. while,do-while,for 语句中应有使循环趋向于结束的语句,否则就可能构成死循环;

2. while,do-while 语句什么情况下的运行结果是相同的,什么情况下不同;

3. 注意在循环结构程序设计中,正确使用{　}构成复合语句。

五、思考题

1. 求两个正整数 x 和 y 的最大公约数,请填空。

```
/*求最大公约数程序*/
# include <stdio. h>
void main(){
    int x,y,t,i;
    scanf("%d,%d",&x,&y);
    if(x>y){t = x;x = y;y = t;}
```

```
    for(i = 1;i> = x;i - - ){
        if(_____)
            break;
    }
    printf("%d\n",i);
}
```

2. 计算 101~200 之间的奇数之和及偶数之和。请将程序补充完整。

```
/*计算 101~200 之间的奇数之和及偶数之和*/
# include <stdio. h>
void main(){
    int a,b,c,i;
    a = 0;
    c = 0;                  /*变量赋初值*/
    for(_____){
        a + = i;            /*变量 a 存放奇数的和*/
        _____;
        c + = b;            /*变量 c 存放偶数的和*/
    }
    printf("Sum of odd numbers is %d\n",a);
    printf("Sum of even numbers is %d\n",c);
}
```

3. 下面程序的功能是：计算正整数 num 的各位上的数字之积。例如，若输入:127,则输出应该是:14;若输入:202,则输出应该是:0。请将程序补充完整。

```
/*计算整数各位数字之积*/
# include <stdio. h>
void main(){
    int num,k = 1;
    printf("请输入一个整数:");
    scanf("%d",&num);
    do {
        k = _____;
        num/ = 10;
    } while(num);
    printf("\n%d\n",k);
}
```

4. 求两个正整数[m,n]之间所有既能被 3 整除也能被 5 整除的整数之和,请填空。

```
/*按条件求数列和*/
# include <stdio. h>
void main(){
```

```c
    int m,n,i,t;
    long int s = 0;
    scanf("%d,%d",&m,&n);
    if(m>n){
        t = m;
        m = n;
        n = t;
    }
    for(_____)
        if(_____)
            s += i;
    printf("Sum is:%ld\n",s);
}
```

实验 5　循环结构程序设计(二)

一、实验目的

1. 掌握使用 for,while,do-while 语句实现循环嵌套的方法；
2. 巩固 break 和 continue 语句的使用。

二、实验准备

掌握使用 for,while,do-while 语句实现循环嵌套的方法以及循环嵌套的执行过程。

三、实验内容

1. 根据公式：$\text{sum} = 1 + \dfrac{1}{2!} + \dfrac{1}{3!} + \cdots + \dfrac{1}{n!}$，计算 sum 的值。

注意：根据题目，考虑所定义的各个变量应该为何种类型。

编程提示：定义一个变量存放最后的求和结果(假设为 sum)，sum 的数据类型应为实型，定义变量 t 计算整数的阶乘。使用双重循环，程序的基本结构为：

```
for(i=1,sum=0;i<=20;i++){
    t 赋初值 1;
    for(j=1;j<=i;j++)
        变量 t 连乘求积;
    变量 sum 累加 t 的倒数;
}
```

注意上述程序结构和内循环变量的终值。想一想是否可以将 t=1 放在外循环之前？

```
/*c5-1.c　求数列和*/
#include <stdio.h>
void main(){
    float i,j,t,sum=0;
    for(i=1;i<=20;i++){
        t=1;
        for(j=1;j<=i;j++)
            t=t*j;
        sum=sum+1/t;                /*变量 sum 累加 t 的倒数*/
    }
    printf("sum=%f\n",sum);
}
```

2．编程输出九九乘法表。

编程提示：我们日常看到的乘法表。

$1 \times 1 = 1$

$1 \times 2 = 2 \quad 2 \times 2 = 4$

$1 \times 3 = 3 \quad 2 \times 3 = 6 \quad 3 \times 3 = 9$

…

$1 \times 9 = 9 \quad … \quad … \quad … \quad 9 \times 9 = 81$

每个算式可以写为：$i \times j = ?$ 的形式，而且每行中的算式数量随着行数变化。考虑外层循环变量和内层循环变量应当取何值呢？

程序的基本结构为：

```
for(i=1;i<=9;i++){
    for(j=1;_____;j++)
        输出乘法算式；
    输出回车换行符；
}
```

```
/*c5-2.c   输出九九乘法表*/
#include <stdio.h>
void main(){
    int i,j;
    for(i=1;i<=9;i++)            /*循环计算1~9*/
    {
        for(j=1;j<=i;j++)       /*输出数i的i个乘法项*/
        {
            printf("%d * %d = %d ",i,j,i*j);
        }
        printf("\n");            /*输出换行符*/
    }
}
```

3．编程求 100~300 之间的素数和。

编程提示：弄清素数的概念是本题的关键，素数是只能被1和它本身整除的正整数。判断一个数是否为素数需要使用循环结构才能实现，求出 100~300 之间的全部素数要使用循环的嵌套结构。程序结构提示如下：

```
#include <stdio.h>
void main(){
    定义变量；
    外层循环变量 i 从 100 递增到 300 {
        标志变量赋 0；
        内层循环变量从 2 递增到 i/2
            如果 i 不是素数（能整除），则标志变量赋 1，跳出循环；
```

　　　　　如果标志变量为 0(是素数)，进行求和；

　　　　}

　　　输出求和结果；

}

/*c5-3. c　求 100～300 之间的素数和*/

include ＜stdio. h＞

void main(){

　　　int i,j,flag,sum;

　　　sum = 0;

　　　for(i = 100;i＜ = 300;i + +)

　　　{

　　　　　flag = 0;

　　　　　for(j = 2;j＜(i/ 2);j + +){

　　　　　　　if(i % j = = 0){

　　　　　　　　　flag = 1;

　　　　　　　}

　　　　　}

　　　　　if(flag = = 0){

　　　　　　　sum = sum + i;

　　　　　}

　　　}

　　　printf("sum = %d\n",sum);

}

4. 编程输出以下图形。

```
        *
       ***
      *****
```

编程提示：输出图形的这一类问题，要仔细看图形的特点，找到规律：一共有几行，每行输出什么字符，输出几个；在什么位置输出。一般外循环变量控制行数，内循环变量控制各种字符的数量。

　　程序的基本结构为：

for(i = 0;i＜3;i + +){

　　连续输出若干空格；

　　连续输出若干个" * "；

　　输出一个换行；

}

/*c5-4. c　输出字符图形*/

include ＜stdio. h＞

void main()

```
{
    int i,j;
    for(i=0;i<3;i++){
        for(j=3;j>i;j--){
            printf(" ");
        }
        for(j=0;j<2*i+1;j++){
            printf(" * ");
        }
        printf("\n");
    }
}
```

想一想,输出下面的三种图形分别应当怎样实现。

```
    * * * * * *          * * * * * * *                    *
    * * * * * *          * * * * *              * * * * *
    * * * * * *          * * *              * * * * * * * * *
    * * * * * *          *              * * * * * * * * * * * *
```

5. 运行以下程序,分析程序的运行结果并上机验证。

```
/*c5-5.c   循环结构程序*/
#include <stdio.h>
void main(){
    int i=0,a=0;
    while(i<20){
        for(;;){
            if((i % 10)==0)break;
            else i--;
        }
        i+=11;
        a+=i;
    }
    printf("%d\n",a);
}
```

四、实验注意事项

1. 对于双重循环来说,外层循环往往是控制变化较慢的参数(例如所求结果的数据项的个数、图形的行数等),而内层循环变化快,一般控制数据项的计算、图形中各种字符的数量等;

2. 注意在循环结构程序设计中,正确使用{ }构成复合语句;

3. 外层循环变量增值一次,内层循环变量从初值到终值执行一遍;

4. 程序书写时,最好使用缩进形式以使程序结构清晰。

五、思考题

1. 根据公式:$sum = 1 + \dfrac{1}{2} + \dfrac{1}{3} + \cdots + \dfrac{1}{n}$,计算 sum 的值,请把程序补充完整。

```c
/*求数列和*/
#include <stdio.h>
void main(){
    float i=1,
    a=1,
    n=0,
    sum=0;
    printf("Please enter the number:");
    scanf("%f",&n);
    while(i<=n){
        _____;
        _____;
        i++;
    }
    printf("The sum is:%f\n",sum);
}
```

2. 求公式 $sum = 1 + (1+2) + (1+2+3) + \cdots + (1+2+3+\cdots+n)$ 的值,请把程序补充完整。

```c
/*求公式 sum 的和*/
#include <stdio.h>
void main(){
    int i,a=0,n,sum=0;
    printf("Please enter the number n=:");
    scanf("%d",&n);
    for(i=1;i<=n;i++){
        _____;
        _____;
    }
    printf("The sum is:%d\n",sum);
}
```

3. 下面程序的功能是输出以下图形:

```
    *
   * * *
  * * * * *
   * * *
    *
```

请把程序补充完整。

```c
/*输出字符图形*/
#include <stdio.h>
void main(){
    int n=0,i=0;
    for(n=1;n<=6;n++){
        int temp=n;
        if(n>3){
            temp-=2*(n-3);
        }
        for(i=1;i<6;i++){
            if(            )   /*找到需要输出 * 时 i 的值*/
            {
                printf(" * ");
            } else {
                printf(" ");
            }
        }
        printf("\n");
    }
}
```

实验 6　一维数组程序设计

一、实验目的

1. 掌握一维数组的定义、初始化方法；
2. 掌握一维数组中数据的输入和输出方法；
3. 掌握与一维数组有关的程序和算法；
4. 了解用数组处理大量同类型数据时的优越性。

二、实验准备

1. 理解数组的概念，利用数组存放数据有何特点；
2. 一维数组的定义、初始化方法；
3. 一维数组中数据的输入和输出方法。

三、实验内容

1. 下面的几个程序都能为数组元素赋值，请输入程序并运行。比较一下这些赋值方法的异同。

（1）在定义数组的同时对数组初始化。

```
/*c6-1.c 在定义数组的同时对数组初始化*/
#include <stdio.h>
void main()
{
    int a[4]={0,1,2,3};
    printf("\n%d  %d  %d  %d\n",a[0],a[1],a[2],a[3]);
}
```

（2）不使用循环对单个数组元素赋值。

```
/*c6-2.c 不使用循环对单个数组元素赋值*/
#include <stdio.h>
void main()
{
    int a[4];
    a[0]=2;a[1]=4;a[2]=6;a[3]=8;
    printf("\n%d %d %d %d\n",a[0],a[1],a[2],a[3]);
}
```

（3）用循环结构，从键盘输入为每个数组元素赋值，输出各数组元素。

```
/*c6-3.c 利用循环通过键盘对数组元素赋值*/
#include <stdio.h>
void main()
{
    int i,a[4];
    for(i=0;i<4;i++)
        scanf("%d",&a[i]);
    printf("\n");
    for(i=0;i<4;i++)
        printf("%d   ",a[i]);
    printf("\n");
}
```

2. 编写一程序，对一维数组 a 中的各个元素赋值，并按照逆序输出。

编程提示：通过对一维数组的输入输出来实现。

（1）对一维数组的输入可以参照实验内容 1 中的三种方法，选择其一输出，用循环结构来实现。

（2）注意是逆序输出，可以通过输出时，在 for 语句中利用循环变量递减的方法来实现。

```
/*c6-4.c 利用循环实现一维数组的输入输出*/
#include <stdio.h>
void main()
{
    int i,a[10];                    /*定义循环变量 i 和一维数组 a*/
    for(i=0;i<=9;i++)
        scanf("%d",&a[i]);
    for(_____)                /*请补充完整循环语句*/
        printf("%d ",a[i]);         /*按照逆序输出*/
    printf("\n");
}
```

提示：空格设置逆序打印的循环，数组元素从 0 到 9。例如："i=9;i>=0;i--"。

3. 编写程序，输出一维数组 a 中的元素最小值及其下标。

编程提示：

（1）定义一个整型变量存放最小值下标，将其初始化为 0，例如："int p=0;"，即从数组第 0 个元素开始判断。

（2）通过循环，依次判断数组中的每一个元素 a[i] 是否小于 a[p]，如果是，则将 p 和 a[p] 的值做相应的改变。

```
/*c6-5.c 输出一维数组中元素的最小值及其下标*/
#include<stdio.h>
void main()
```

```
{
    int i,m,p,a[10]={9,8,7,6,1,3,5,18,2,4};     /*m 为最小值,p 为其下标*/
    m=a[0];
    p=0;
    for(i=1;i<10;i++)
        if(a[i]<m)
        {
            _____;              /*请补充完整此语句*/
            p=i;
        }
    printf("%d,%d\n",a[p],p);           /*输出一维数组 a 中的最小值及其下标*/
}
```

提示:空格填写的语句用来保存最小值,例如:m=a[i]。

4. 编写一程序,求一维数组中下标为偶数的元素之和。

编程提示:

(1) 定义一个数组 a 并初始化。

(2) 定义一个整型变量 sum,存放下标为偶数的元素之和,并初始化为 0。

(3) 从数组的第 0 个元素开始,每次数组下标递增 2,直到数组的最后一个元素,将其元素累加到 sum 变量。

(4) 输出 sum 变量即为下标为偶数的元素之和。

```
/*c6-6. c 求一维数组中下标为偶数的元素之和*/
#include <stdio. h>
void main()
{
    int i,sum=0;                         /*初始化 sum 为 0*/
    int a[]={2,3,4,5,6,7,8,9};
    for(i=0;i<8;_____)        /*请补充完整循环语句*/
        sum+=a[i];
    printf("sum=%d\n",sum);
}
```

提示:空格用来得到偶元素的下标。例如:i=i+2。

5. 编写一程序,将 100 以内的素数存放到一个数组中。

编程提示:这是一个双层循环嵌套的程序。

(1) 首先掌握判断素数的方法。

(2) 定义一个数组存放 100 以内的素数,想一想该数组的大小应该为多少?

(3) 定义一个整型变量作循环变量。

(4) 定义一个整型变量作为数组元素下标的计数器,想想该变量应赋什么样的初值?

(5) 在外层循环中对 1~100 之间的所有整数进行判断;内层循环则判断每个整数是否为素数。如果是素数,存放到数组中,并使数组下标变量加 1;否则继续判断下一个整数。

（6）用循环语句输出数组中的所有素数，注意循环变量的初值和终值如何确定。

```c
/* c6-7.c 将 100 以内的素数存放到一个数组中 */
#include <stdio.h>
void main()
{
    int prime[50];
    int flag;   /* 值为 1 表示是素数,为 0 表示非素数 */
    int i,j,k=0;
    int length;
    for(i=2;i<100;i++){
        flag=1;
        for(j=2;j<i;j++){
            if(i%j==0){
                flag=0;
                break;
            }
        }
        if(flag==1){
            prime[k]=i;
            k++;
        }
    }
    length=k;
    for(k=0;k<length;k++){
        printf("%d",prime[k]);
    }
}
```

四、实验注意事项

1. C 语言规定,数组的下标下界为 0,因此数组元素下标的上界是该数组元素的个数减 1。例如,有定义:"int a[10];",则数组元素的下标上界为 9。

2. 由于数组的下标下界为 0,所以数组中下标和元素位置的对应关系是:第一个元素下标为 0,第二个元素下标为 1,第三个元素下标为 2,依次类推第 n 个元素下标为 n-1。

3. 数值型数组要对多个数组元素赋值时,使用循环语句,使数组元素的下标依次变化,从而为每个数组元素赋值。

例如:int a[10],i;
```c
    for(i=0;i<10;i++)
        scanf("%d",&a[i]);
```
不能通过如下的方法对数组中的全部元素赋值。

```
    int a[10],i;
        scanf("%d",&a[i]);
```

五、思考题

1. 定义一个数组名为 ftop 且有 5 个 int 类型元素的一维数组,同时给每个元素赋初值为 0,请写出数组的定义语句_____。

2. 下面程序的功能是:输出一维数组 a 中的最大值及其下标。请在程序中的横线上填入正确的内容。

```
# include <stdio. h>
void main()
{
    int i,p=0,a[10];              /*定义 a 为数组名,p 为下标名*/
    for(i=0;i<10;i++)
        scanf("%d",&a[i]);
    for(i=1;i<10;i++)
        if(_____)
        {
            _____;
        }
    printf("%d,%d",a[p],p);       /*输出一维数组 a 中的最大值及其下标*/
}
```

3. 下面程序的功能是:求一维数组中下标为奇数的元素之和并输出。请在程序中的横线上填入正确的内容。

```
# include <stdio. h>
void main()
{
    int i,sum=0;
    int a[ ]={2,3,4,5,6,7,8,9};
    for(_____)
        sum+=a[i];
    printf("sum=%d\n",sum);
}
```

实验 7　二维数组程序设计

一、实验目的

1. 掌握二维数组的定义、赋值及输入输出的方法。

2. 掌握与二维数组有关的算法如查找、矩阵转置等。

3. 掌握在程序设计中使用数组的方法。数组是非常重要的数据类型,循环中使用数组能更好地发挥循环的作用,有些问题不使用数组难以实现。

4. 掌握在 Visual C++环境下上机调试二维数组程序的方法,并对结果进行分析。

二、实验准备

1. 熟悉二维数组的定义、引用和相关算法(求最大值、最小值)的程序设计;

2. 掌握在程序设计中利用双重循环来实现二维数组的输入和输出。

三、实验内容

1. 二维数组的初始化,即给二维数组的各个元素赋初值。下面的几个程序都能为数组元素赋值,请输入程序并运行,比较这些赋值方法有何异同。

(1) 在定义数组的同时对数组元素分行初始化。

```
/*c7-1. c 二维数组的初始化(分行)*/
# include <stdio. h>
void main()
{
    int i,j,a[2][3] = {{1,2,3},{4,5,6}};
    for(i = 0;i<2;i++)
    {
        for(j = 0;j<3;j++)
            printf("%d ",a[i][j]);
        printf("\n");
    }
}
```

(2) 不分行的初始化。把{ }中的数据依次赋值给数组的各个元素。

```
/*c7-2. c 二维数组的初始化(不分行)*/
# include <stdio. h>
void main()
```

```
{
    int i,j,a[2][3]={1,2,3,4,5,6};
    for(i=0;i<2;i++)
    {
        for(j=0;j<3;j++)
            printf("%d ",a[i][j]);
        printf("\n");
    }
}
```

（3）为部分数组元素初始化。

如：int a[2][3]={{1,2},{4}};

（4）可以省略数组第一维的定义，但不能省略第二维的定义。

如：int a[ ][3]={1,2,3,4,5,6};

在对数组 a[ ][3]的定义中，3 是不能够省略的。

依次运行以上程序，比较这四种定义方法的不同之处。

2. 求一个 4×4 矩阵的主对角线元素之和，填空并运行程序。

编程提示：

（1）定义一个 4 行 4 列的二维数组 a。

（2）可利用双重循环的嵌套为该二维数组的各个数组元素赋值，一般格式为：

```
for(i=0;i<4;i++)
    for(j=0;j<4;j++)
        scanf("%d",&a[i][j]);
```

（3）用循环求和，并注意矩阵主对角线上元素的特征是：行下标和列下标相同。

（4）输出对角线元素之和。

```
/*c7-3.c 求一个 4×4 矩阵的主对角线元素之和*/
#include <stdio.h>
void main()
{
    int a[4][4]={{1,2,3,4},{5,6,7,8},{3,9,10,2},{4,2,9,6}};
    int i,sum=0;
    for(i=0;i<4;i++)
        _____;           /*把主对角线元素的和放在变量 sum 中*/
    printf("sum=%d\n",sum);             /*输出主对角线元素的和*/
}
```

提示：空格处语句计算主对角线元素之和，例如：sum=sum+a[i][i]。

3. 统计 3 个学生，每个学生 4 门课程的考试成绩，要求输出每个学生的总成绩，每个学生的平均成绩，3 个学生的总平均成绩。填空并运行程序。

```
/*c7-4.c 学生成绩处理*/
#include <stdio.h>
```

```
void main()
{
    int stu[3][4],i,j,t[3];
    float sum = 0,a[3];
    for(i = 0;i<3;i++)                    /*输入 3 个学生的 4 门课程考试成绩*/
        for(j = 0;j<4;j++)
            scanf("%d",&stu[i][j]);
    for(i = 0;i<3;i++)
    {
        t[i] = 0;
        for(j = 0;j<4;j++)
        {
            sum += stu[i][j];            /*sum 存放 3 个学生的 4 门课程总成绩*/
            t[i] += stu[i][j];            /*t[i]存放第 i 个学生的 4 门课程总成绩*/
        }
        printf("% - 6d",t[i]);           /*输出第 i 个学生的总成绩*/
        _____;
        printf("% - 6.2f\n",a[i]);       /*a[i]存放第 i 个学生的 4 门课程平均成绩*/
    }
    printf("average = %.2f\n",sum/12.0);
}
```

提示：空格处语句用来求平均成绩，例如：a[i]=t[i]/4。

4. 已知二维数组 a 中的元素为：

4	4	34
37	3	12
5	6	5

求二维数组 a 中的最大值和最小值。程序的输出应为：

```
The max is:37
The min is:3
```

填空并运行程序。

```
/*c7-5.c 求二维数组中元素的最大值与最小值*/
# include <stdio.h>
void main()
{
    int a[3][3] = {4,4,34,37,3,12,5,6,5},i,j,max,min;
    max = a[0][0];
    _____;
    for(i = 0;i<3;i++)
```

```
        for(j=0;j<3;j++)
        {
            if(max<a[i][j])
                max=a[i][j];
            if(min>a[i][j])
                min=a[i][j];
        }
    printf("The max is:%d\n",max);
    printf("The min is:%d\n",min);
}
```

提示：空格处语句用来初始化最小值。例如：min=a[0][0]。

5. 下面程序的功能是实现方阵（如：3 行 3 列）的转置（即行列互换）。运行结果如下：

```
原来的矩阵为：
    100    200    300
    400    500    600
    700    800    900

转置后的矩阵为：
    100    200    300
    400    500    600
    700    800    900
```

填空并运行程序。

```
/*c7-6.c 矩阵转置*/
#include <stdio.h>
void main()
{
    int i,j,temp;
    int array[3][3]={{100,200,300},{400,500,600},{700,800,900}};
    printf("\n 原来的矩阵为:\n");
    for(i=0;i<3;i++)
    {
        for(j=0;j<____(1)____;j++)
            printf("%7d",array[i][j]);
        printf("\n");
    }
    for(i=0;i<3;i++)
    {
        for(j=0;____(2)____;j++)
```

```
        {
            temp = array[i][j];
            array[i][j] = array[j][i];
            array[j][i] = temp;
        }
    }
    printf("\n 转置后的矩阵为:\n");
    for(i = 0;i<3;i++)
    {
        for(j = 0;j<3;j++)
            printf("%7d",array[i][j]);
            _____(3)_____;          /*输出一行后要换行*/
    }
}
```

提示:空格 1 用来控制输出矩阵,例如:3;空格 2 仍然是控制输出矩阵,例如:j<3;空格 3 控制换行,例如:printf("\n")。

四、实验注意事项

1. C 语言规定,二维数组的行和列的下标都是从 0 开始的。

例如,有定义:int b[3][5];则数组 b 的第一维下标的上界为 2,第二维下标的上界为 4。说明定义了一个整型二维数组 b,它有 3 行 5 列共 3 * 5 = 15 个数组元素,行下标为 0,1,2,列下标为 0,1,2,3,4,则数组 b 的各个数组元素是:

```
        b[0][0],b[0][1],b[0][2],b[0][3],b[0][4]
        b[1][0],b[1][1],b[1][2],b[1][3],b[1][4]
        b[2][0],b[2][1],b[2][2],b[2][3],b[2][4]
```

2. 要对二维数组的多个数组元素赋值,应当使用循环语句,并在循环过程中使数组元素的下标变化。可用下面的方法为所有数组元素赋值。

```
int i,j,a[3][3];
for(i = 0;i<3;i++)
    for(j = 0;j<3;j++)
        scanf("%d",&a[i][j]);
```

五、思考题

1. 定义一个 5 行 5 列的二维数组 a,使下三角的所有元素初始化为 1,在横线处填空。

```
int i,j,a[5][5];
for(i = 0;i<5;i++)
    for(j = 0;j<5;j++)
        if(_____)
            a[i][j] = 1;
```

2. 求一个 4×4 矩阵的所有元素之和,填空并运行程序。

```c
#include <stdio.h>
void main()
{
    int a[4][4] = {{1,2,3,4},{5,6,7,8},{3,9,10,2},{4,2,9,6}};
    int i,sum = 0;
    for(i = 0;i<4;i++)
        _____;
    printf("sum = %d\n",sum);
}
```

3. 求二维数组 a 中的最大元素及其下标,填空并运行程序。

```c
#include <stdio.h>
void main()
{
    int a[4][4] = {{1,2,3,4},{3,4,5,6},{5,6,7,8},{7,8,9,10}};
    int i,j,max,k,c;
    max = a[0][0];
    for(i = 0;i<4;i++)
        for(j = 0;j<4;j++)
            if(max<a[i][j])
            {
                _____;
                k = i;
                c = j;
            }
    printf("max = %d,k = %d,c = %d%\n",max,k,c);
}
```

实验8　字符数组程序设计

一、实验目的

1. 掌握字符数组的定义、初始化和应用；
2. 掌握字符串处理函数的使用。

二、实验准备

1. 掌握 C 语言中字符串的存储表示和字符数组输入输出的方法；
2. 掌握常用的字符串处理函数的使用。

三、实验内容

1. 输入下面的程序并运行，观察程序运行的结果，并分析原因（注意数组定义中有些单引号之间是空格）。

```c
/*c8-1. c 字符数组的输出*/
#include <stdio. h>
void main()
{
    char a[10]={ 'I',' ','a','m',' ','a',' ','b','o','y'};
    printf("%s\n",a);
}
```

将字符数组 a 的大小改为 11，运行程序并将结果与修改前的结果进行比较，分析原因。

2. 下面程序的功能是实现将两个字符串连接起来并输出结果，注意不使用 strcat 函数。请填空并运行程序。

编程提示：

（1）定义两个一维字符型数组 str1、str2 和两个循环变量。

（2）为两个字符数组输入两个字符串（可使用 scanf 函数或 gets 函数整体赋值，要注意 scanf 和 gets 函数的区别，在对字符串赋值时，scanf 函数不能出现空格）。

（3）确定字符数组 str1 结束的位置。

（4）再将字符数组 str2 中的内容连接到字符数组 str1 的后面。

（5）为字符数组 str1 赋字符串结束标志'\0'。

（6）输出连接后的字符数组 str1。

```c
/*c8-2. c 字符串连接*/
#include <stdio. h>
```

```
void main()
{
    char str1[100],str2[100];
    int i=0,j=0;
    printf("please input the string1:");
    scanf("%s",str1);
    printf("please input the string2:");
    scanf("%s",str2);
    for(i=0;str1[i]!='\0';i++)
        ;                          /*注意,此处空语句不可少*/
    for(j=0;str2[j]!='\0';j++)
    {
        str1[i]=str2[j];
        i++;
    }
    _____;              /*给出新的字符串的结束符*/
    printf("the catenated string is %s\n",str1);
}
```

提示:空格处语句用来给出新字符串结束符。例如:str1[i]='\0'。

3. 下面程序的功能是用 strcat 函数实现将字符串 2 连接到字符串 1 的后面并输出,请补充完整。

```
/*c8-3. c 字符串连接*/
# include <stdio. h>
# include <string. h>
void main()
{
    char str1[80]="This is a ",str2[80]="c Program";
    printf("String1 is:%s\n",str1);
    printf("String2 is:%s\n",str2);
    _____;                  /*使用 strcat 函数实现,注意其格式*/
    printf("Result is:%s\n",str1);
}
```

提示:空格处语句使用 strcat 连接字符串。例如:strcat(str1,str2)。

4. 下面程序的功能是实现将一个字符串中的所有大写字母转换为小写字母并输出,请补充完整。

例如:当字符串为"This Is a c Program"

输出:"this is a c program"

```
/*c8-4. c 字符串中的大写字母转为小写字母*/
# include <stdio. h>
```

```
void main()
{
    char str[80] = "This Is a c Program";
    int i;
    printf("String is:%s\n",str);
    for(i=0;str[i]!='\0';i++)
        if(str[i]>='A' && str[i]<='Z')
            _____;                    /*将大写字母转换成小写字母*/
    printf("Result is:%s\n",str);
}
```

提示:空格处语句将大写字母转换为小写字母。例如:str[i]=str[i]+32。

思考:如果将字符串中的所有小写字母转换为大写字母,又将如何修改程序?

5. 编写程序实现在一个字符串中查找指定的字符,并输出指定的字符在字符串中出现的次数及位置,如果该字符串中不包含指定的字符,请输出提示信息。

编程提示:

(1) 定义两个一维数组,a 字符数组用来存放字符串,b 整数数组用来存放指定的字符在字符串中出现的位置(即对应的下标)。

(2) 定义 i,j,m 三个循环控制变量和一个标志变量 flag,并初始化 flag 的值为 0。

(3) 用 scanf 或者 gets 函数为字符数组赋一个字符串。

(4) 在循环中对字符数组的每个元素和指定字符 ch 进行匹配判断,如果相同,就把其下标依次存放在数组 b 中,并置 flag 的值为 1。

(5) 循环退出后判断标志变量 flag 的值,如果仍为 0,说明字符串中没出现指定的字符,否则,就输出该字符在字符串中出现的次数和位置。

四、实验注意事项

1. 注意 C 语言中字符串是作为一维数组存放在内存中的,并且系统对字符串常量自动加上一个'\0'作为结束符,所以在定义一个字符数组并初始化时要注意数组的长度。

2. 注意用 scanf 函数对字符数组整体赋值的形式。

五、思考题

1. 下面程序运行的结果是:_____。

```
#include <stdio.h>
void main()
{
    char a[20] = {'T',' ','a','m',' ','a',' ','b','o','y'};
    printf("%s\n",a);
}
```

2. 下面程序的功能是用 strcat 函数实现将字符串 1 连接到字符串 2 的后面并输出,请补充完整。

```
#include <stdio. h>
#include <string. h>
void main()
{
    char str1[80] = "Jack",str2[80] = "Tom and";
    printf("String1 is:%s\n",str1);
    printf("String2 is:%s\n",str2);
    _____;
    printf("Result is:%s\n",str1);
}
```

3. 下面的程序用来实现将一个字符串中的所有小写字母转换为大写字母并输出。请将源程序补充完整。

```
#include <stdio. h>
void main()
{
    char str[80] = "Information Science and Technology";
    int i;
    printf("String is:%s\n",str);
    for(i = 0;str[i] ! = '\0';i + + )
        if(_____)
            _____;
    printf("Result is:%s\n",str);
}
```

实验 9 函 数

一、实验目的

1. 掌握函数定义、函数类型、函数参数、函数调用的基本概念；
2. 掌握变量名作函数参数的程序设计方法；
3. 掌握数组名作函数参数的程序设计方法；
4. 了解全局变量、局部变量的概念和使用方法；
5. 学会程序跟踪调试的基本方法。

二、实验准备

1. 函数定义、函数类型、函数参数、函数调用的基本概念；
2. 函数实参与形参的对应关系以及参数的传递；
3. 变量名和数组名作函数参数的使用方法；
4. 全局变量、局部变量的概念和使用方法。

三、实验内容

1. 计算下列公式的值，例如：输入 10,3，输出结果是 120。

（1）实验分析

$$C_m^n = \frac{m!}{n! * (m-n)!}$$

该题中使用最多的运算是阶乘运算，故考虑设计一个函数 $fact(n)$ 来计算 $n!$，则上述公式可以描述为

$$\frac{fact(m)}{fact(n) * fact(m-n)}$$

该公式可以设计成一个函数 $cmn(m,n)$ 来实现。

（2）功能划分及设计

主函数：从键盘输入 m 和 n，然后通过上述公式，调用函数 $cmn(m,n)$ 求出结果，最后将结果打印出来。

子函数 fact：返回 $1 * 2 * \cdots * n$ 的结果，其中 n 是从主函数中传过来的参数。

子函数 cmn：返回 $\dfrac{fact(m)}{fact(n) * fact(m-n)}$ 的结果

（3）参考代码

```
#include <stdio.h>
long int fact(int n)                          /*定义求阶乘函数 fact*/
```

```
{
    int i;
    long int t＝1;
    for(i＝1;i＜＝n;i＋＋)
        t*＝i;
    return t;
}
long int cmn(int m,int n)                        /*定义求组合数函数 cmn*/
{
    return(fact(m)/(fact(n) * fact(m－n)));   /*用 return 语句返回结果*/
}
void main()
{
    int m,n;
    printf("请输入 m and n:(m＞n)");
    scanf("%d%d",&m,&n);
    printf("结果是:%ld\n",cmn(m,n));
}
```

（4）测试结果

```
请输入 m and n:(m＞n)10 3
结果是:120
Press any key to continue
```

2. 输入一个十进制整数,输出其对应的二进制数。

（1）实验分析

一个十进制数转化成二进制数的规则是:除 2 取余倒排。可以设计一个子函数 $fun(m)$ 来实现除 2 取余倒排的算法,并将 m 的二进制数输出。为了实现在 fun 函数中存放余数,故在该函数中可以设计一个数组临时存放余数。

（2）功能划分及设计

主函数:接受从键盘输入的一个数 m,调用子函数 fun 显示结果。

子函数 fun:实现"除 2 取余倒排"的功能,余数存放在数组之中,并且将数组中的数据显示出来。

（3）参考代码

```
#include ＜stdio. h＞
void fun(int m)
{
    int aa[20],i,k＝2;
    for(i＝0;m;i＋＋){aa[i]＝m%k;m＝m/k;}
    for(i＝i－1;i＞＝0;i－－) printf("%d",aa[i]);
```

```
        printf("\n");
    }
    void main()
    {
        int n;
        printf("\n 请输入一个十进制整数:\n");   scanf("%d",&n);
        fun(n);
    }
```

（4）测试结果

请输入一个十进制整数:
23
1   0   1   1   1
Press any key to continue

思考:

如果将十进制数转换为八进制数,应对程序的哪个语句进行修改? 怎样修改?

3. 一维数组 a 中的元素为:1,4,2,7,3,12,5,34,5,9。求一维数组 a 中的最大元素及其下标。程序的输出应为:The max is:34, position is:7。要求:求最大元素位置用函数实现,在 main 函数中调用该函数。

（1）实验分析

由于程序中要用到最大值和最大值的下标,而函数的返回值只有一个,所以需要定义一个全局变量 max,用来存放最大元素,而子函数的返回值为最大元素的下标。故子函数的类型为整型,其形参应为整型一维数组和一整型变量(存放数组元素的个数)。

（2）功能划分及设计

主函数:定义数组 a 并赋值,调用子函数 fun 求出最大值和最大值的下标,显示结果。

子函数 fun:定义一个整型 pos,用来存放当前最大元素在数组中的下标,初值为 0;将全局变量 max 的初值设置为数组中的第一个元素;使用循环结构,将数组元素依次和 max 中的值进行比较,将两者中的最大元素存入 max 中,并将最大元素的下标存入 pos 中;循环结束后,用 return 语句,将 pos 的值返回到主函数。

（3）参考代码

```
#include <conio. h>
#include <stdio. h>
int max;
int fun(int arr[ ],int n)
{
    int pos,i;
    max = arr[0];
    pos = 0;
    for(i = 1;i<n;i++)
```

```
        if(max<arr[i])
        {
            max = arr[i];
            pos = i;
        }
    return(pos);
}
void main()
{
    int a[10] = {1,4,2,7,3,12,5,34,5,9},n;
    n = fun(a,10);
    printf("The max is:%d,pos is:%d\n",max,n);
}
```

（4）测试结果

```
The max is:34，pos is:7
Press any key to continue
```

四、实验注意事项

1. 定义函数时，函数名后的圆括号后面不能加"；"。

2. 在函数体内，不能再对形参进行定义和说明。

3. 变量作实参时，只使用变量名，实参变量对形参变量的数据传递是"值传递"。

4. 一维数组作函数的实参时，只使用数组名如：fun(a)。下面对函数的调用都不正确。

```
    fun(int a[4]);
    fun(int a[ ]);
    fun(int a);
```

五、思考题

1. 编程实现：将 1～1000 之内的所有超级素数显示出来。超级素数是各个位的数字都是素数，且本身亦是素数的数。（提示：设计一个子函数实现判断一个数是否为素数；主程序中循环分解一个数的各个位，分别对各个位判断是否为素数。）

2. 编程实现：从键盘中输入一个十进制数，分别将其转化成二、八、十六进制数输出。（提示：设计一个子函数求解 n 进制，十进制转换成 n 进制的规则是除以 n 取余数，将余数倒排即为 n 进制数。）

3. 编写程序，根据下列公式计算 e 值（误差要求小于 0.00001）。

$$e = 1 + \frac{1}{1!} + \frac{1}{2!} + \frac{1}{3!} + \cdots + \frac{1}{n!}$$

（提示：设计一个子函数求解 $\frac{1}{n!}$，主程序实现循环求和，当 $\frac{1}{n!} < 0.00001$ 时循环结束。）

实验 10　指针(一)

一、实验目的

1. 掌握指针的概念,学会定义和使用指针变量;
2. 了解并掌握指针与数组的关系,以及相关的算术运算、比较运算;
3. 学会用指针作为函数参数的方法。

二、实验准备

1. 宏定义,带参数的宏定义,不带参数的宏定义;
2. 地址和指针的概念;
3. 数组和指针的关系;
4. 字符串和指针的关系;
5. 函数定义、函数类型、函数参数、函数调用的基本概念。

三、实验内容

1. 定义一个宏实现两个整数的交换,并利用该宏对两个同类型变量实现从大到小的排序。

(1)实验分析

实现两个变量从大到小的排序需要使用变量交换的技术,通常会用到一个中间变量 t,但是在宏中参数的类型是未知的,故 t 的数据类型无法确定。所以在宏中实现变量的交换最好不用中间变量,而采用异或运算来实现。

$a = a \wedge b$;

$b = b \wedge a$;

$a = a \wedge b$;

上述代码可以实现变量 a 与 b 的值交换。

(2)功能划分及设计

宏:通过位运算的方式实现两个变量值的交换。

主函数:输入两个数,调用宏实现输入的两个数的排序并输出。

(3)参考代码

```
#define S(a,b)a = a∧b;b = b∧a;a = a∧b;
#include <stdio. h>
void main()
{
    int c,d;
```

```
    printf("输入两个数:(c,d)\n");
    scanf("%d,%d",&c,&d);
    if(c<d)
        S(c,d);            /*宏展开后代入变量 c,d 的值,从而实现 c 和 d 的交换*/
    printf("%d,%d\n",c,d);
}
```

(4) 测试结果

```
输入两个数:(c,d)
56,87
87,56
Press any key to continue
```

2. 输入两个整数,并使其从大到小输出,用函数实现数据的交换。

(1) 实验分析

实现两个变量从大到小的排序需要使用变量交换的技术,通常会用到一个中间变量 t。因为本题要用函数来实现,所以需要设计一个函数 swap 来实现两个数据的交换。在子函数内部的交换结果需要保存在主函数中,这就使得主函数中的实参和子函数中的形参必须是同一内存,即主函数向子函数传递的是地址。子函数的形参应该使用指针。

(2) 功能划分及设计

主函数:输入两个整数,调用子函数 swap 实现输入的两个数的排序,然后输出。

子函数 swap:将主函数中传过来的两个地址中的内容进行交换。

(3) 参考代码

```c
#include <stdio.h>
void swap(int *p1,int *p2)
{
    int p;
    p = *p1;
    *p1 = *p2;
    *p2 = p;
}
void main()
{
    int a,b;
    int * p, * q;
    printf("输入两个数:(a,b)\n");
    scanf("%d,%d",&a,&b);
    p = &a;q = &b;
    if(a<b)
        swap(p,q);
```

```
    printf("\n%d,%d\n",a,b);
}
```

（4）测试结果

输入两个数：(a,b)

12,35

35,12

Press any key to continue

思考：能否将 swap 函数修改为如下形式？请分析原因。

```
void swap(int *p1,int *p2)
{
    int *p;
    *p = *p1;
    *p1 = *p2;
    *p2 = *p;
}
```

四、实验注意事项

1. 变量、变量的指针、变量的地址之间的相互关系；

2. 传地址与传值的区别。

五、思考题

1. 有 n 个人围成一圈，顺序排号。从第一个人开始报数（从 1 开始报数），凡报到指定数字 r 的倍数的人退出圈子，问最后留下的是原来第几号的那位。（提示：用一个含 n+1 个整数的数组，0 号元素存放圈子中的人数，1 至 n 号元素存放 1 表示该号码的人在圈子里，存放 0 表示该号码的人退出了圈子。）

2. 编一个函数 fun(int *a,int n,int *odd,int *even)，函数的功能是分别求出数组 a 中所有奇数之和以及所有偶数之和。形参 n 给出数组 a 中数据的个数，利用指针 odd 返回奇数之和，利用指针 even 返回偶数之和。例如：数组中的值依次为 1,8,2,3,11,6；则利用指针 odd 返回奇数之和 15；利用指针 even 返回偶数之和 16。

3. 写一个宏 MIN，该宏输入两个参数并返回较小的一个。利用该宏实现找出数组中的最小值。（提示：带参宏中参数需要用括号包含起来。）

实验 11　指针(二)

一、实验目的

1. 进一步理解指针的概念,掌握其在数组和字符串中的应用;
2. 学会使用函数的指针和指向函数的指针变量;
3. 了解指向指针的指针的概念及其使用方法。

二、实验准备

1. 字符、字符串和字符数组的关系与表示方法;
2. 函数指针;
3. 指向指针的指针。

三、实验内容

1. 从键盘中输入一个不超过 40 个字符的字符串,然后输入一个指定字符,在字符串中删除所有指定的字符,并输出删除指定字符后的字符串。

(1) 实验分析

该题的主要功能是在一个字符串中删除指定位置的字符。该字符删除之后,应该将其之后的字符往前移动一个字符位置。例如在字符串中删除如下图中的灰色块位置的字符。

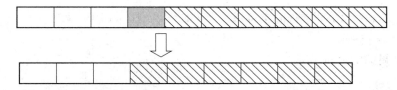

为了记录要删除字符的位置,可以设计一个指针 p 指向该字符,删除字符其实只要将后面的所有字符依次往前移动一个位置。

(2) 功能划分及设计

主函数:输入一个字符串存放到数组 str 中,输入一个字符存放到 ch 变量中,调用子函数 strdelchar(str,ch)实现在 str 中删除所有的 ch 字符,最后输出 str。

子函数 strdelchar:遍历字符串,遇到一个与指定的字符相同的字符时,将其后的所有字符依次往前移动一个位置,从而实现删除该字符。

(3) 参考代码

```
#include <stdio.h>
#include <string.h>
```

```
void strdelchar(char *p,char ch)
{
    int k = 0;
    while( *p)
    {
        if( *p = = ch)
        {
            strcpy(p,p + 1);
        }else
            p + + ;
    }
}
void main()
{
    char str[40],ch;
    printf("输入一个不超过 40 个字符的字符串\n");
    gets(str);
    printf("输入需要删除的字符\n");
    ch = getchar();
    strdelchar(str,ch);
    printf("删除字符后:\n");
    puts(str);
}
```

（4）测试结果

```
输入一个不超过 40 个字符的字符串
My name is j Jack!
输入需要删除的字符
j
删除字符后:
My name is  Jack!
Press any key to continue
```

2. 实现模拟彩票的程序设计:随机产生 6 个数字,与用户输入的数字进行比较,输出它们相同的数字(使用动态内存分配)。

（1）实验分析

提示要求采用存储空间动态分配,动态分配成功后返回的是一个指针,而这一个指针应该是一个指向含有 6 个元素的数组。设计一个子函数 lottery 专门用来随机产生 6 个数据,并存放到动态分布的存储空间中,该子函数的返回值是一个指向 6 个元素的数组指针。在日常生活中的彩票输出时一般是按照由小到大的顺序输出,所以还需要设计一个子函数 sort 来对数组进行排序。为了能检测出用户中了那几个数字,还需要设计一个 check 函数来检测。

(2) 功能划分及设计

主函数:等待用户输入 6 个数字;调用 sort 对用户输入的 6 个数字排序;调用 lottery 生成彩票;调用 sort 对彩票排序;调用 check 输出用户猜中的数字。

子函数 lottory:动态申请 6 个数字的存储空间,随机产生 6 个不同的数字存入该存储空间,返回该存储空间的地址。

子函数 sort:对含有 6 个数字的数组进行排序。

子函数 check:比较两组排序后的数据,输出其中相同的数据。

(3) 参考代码

```c
#include <stdio.h>
#include <stdlib.h>
#include <string.h>
#include <malloc.h>
#include <math.h>
#include <time.h>
#define N 6
void sort(int *p)
{
    int i=0,j=0,t;
    for(i=0;i<N;i++)
        for(j=i;j<N;j++)
            if( *(p+i)> *(p+j))   /*如果逆序,则交换*/
            {
                t=*(p+i);
                *(p+i)=*(p+j);
                *(p+j)=t;
            }
}

int *lottory()
{
    int *p,i,j,t;
    p=(int *)malloc(N *sizeof(int));
    srand(time(NULL));
    for(i=0;i<N;)
    {
        t=rand()%36+1;
        j=0;
        while(j<i)
        {
```

```
            if( *(p+j)==t)break;
            j++;

        if(j==i)
        {
            *(p+i)=t;
            i++;
        }
    }
    return p;
}
void display(int *p)
{
    int i;
    for(i=0;i<N;i++)
        printf("%d,", *(p+i));
    printf("\n");
}
void check(int *p1,int *p2)
{
    int i=0,j=0;
    printf("有如下数字猜对了:\n");
    while(i<N && j<N)
    {
        if( *(p1+i)< *(p2+j))
            i++;
        else if( *(p1+i)==*(p2+j))
        {
            printf("%d,",*(p1+i));
            i++;j++;
        }
        else j++;
    }
    printf("\n");
}
void main()
{
    int *lot,mylot[N],i;
    printf("请输入你的%d 个不同的彩票数字:\n",N);
```

```
for(i=0;i<N;i++)
    scanf("%d",&mylot[i]);
lot=lottory();
printf("彩票开奖结果:\n");
sort(lot);
display(lot);
printf("您的彩票是:\n");
sort(mylot);
display(mylot);
check(lot,mylot);
}
```

（4）测试结果

```
请输入你的 6 个不同的彩票数字:
5 6 12 13 26 25
彩票开奖结果:
2,5,13,14,19,29,
您的彩票是:
5,6,12,13,25,26,
有如下数字猜对了:
5,13,
Press any key to continue
```

四、实验注意事项

数组的指针与数据元素值之间的关系。

五、思考题

1. 编程实现从键盘中接受任意一句英文语句,将其整理成如下规则的英文语句:句首字母大写;每个单词之间只留一个空格,句尾统一为英文句号。并将整理后的英文语句输出。（提示:设计两个指针 p1,p2;其中 p1 指向正在处理的字符,p2 指向当前字符处理后应该存放的地址。）

2. 编程实现:从键盘接受一个 2 位数,输出其质因子分解公式。例如输入 24,则输出 24=2*2*2*3。（提示:先求出 100 以内的所有素数放入数组 s 中,用键盘接受的 2 位数依次除以 s 中每一个数,如果能整除则记录该质因子并用商递归求解,如果不能整除,则尝试除以 s 中下一个数直到 s 中最后一个数为止。）

3. 采用指针编程实现对数组排序。（提示:如果用指针 p 指向数组元素,则在交换元素时要注意是 *p。）

实验 12　结构体、共用体和位运算

一、实验目的

1. 掌握结构体类型变量的定义和使用；
2. 掌握结构体类型数组的概念和使用；
3. 掌握链表的概念，学会对链表进行操作；
4. 掌握共用体的概念与使用。

二、实验准备

1. 结构体概念；
2. 结构体元素的访问方法；
3. 结构体链表的建立、访问、修改、删除的方法。

三、实验内容

1. 编写函数 print，打印一组学生成绩档案，该档案中有 5 个学生的数据记录，每个记录包括 num(学号)、name(姓名)、score[3](三门功课成绩)，用主函数输入这些记录，用 print 函数输出这些记录。

（1）实验分析

依据题意，先定义一个包含有三个成员项的结构体数组，在主函数中利用循环依次输入数据，并调用函数 print，完成输出数据的功能。

（2）功能划分及设计

主函数：利用循环依次输入数据，并调用函数 print，完成输出数据。

子函数 print：利用循环依次输出结构体数组中的数据。

（3）参考代码

```
#define N 5
#include <stdio. h>
struct student
{
    char num[6];
    char name[8];
    int score[3];
} stu[N];
void main()
```

```
{
    int i,j;
    void print(struct student stu[N]);
    for(i=0;i<N;i++)
    {
        printf("\n 输入第%d 个学生的档案:\n",i+1);
        printf("学号:");scanf("%s",stu[i]. num);
        printf("姓名:");
        scanf("%s",stu[i]. name);
        for(j=0;j<3;j++)
        {
            printf("第%d 门课的成绩:",j+1);
            scanf("%d",&stu[i]. score[j]);
        }
        printf("\n");
    }
    print(stu);
}
void print(struct student stu[N])
{
    int i,j;
    printf("\n NO.    name    score1    score2    score3\n");
    for(i=0;i<N;i++)
    {
        printf("%5s%10s",stu[i]. num,stu[i]. name);
        for(j=0;j<3;j++)
            printf("%9d",stu[i]. score[j]);
        printf("\n");
    }
}
```

（4）测试结果

输入第 1 个学生的档案:
学号:1001
姓名:张三
第 1 门课的成绩:90
第 2 门课的成绩:90
第 3 门课的成绩:90

输入第 2 个学生的档案:

学号：1002

姓名：李四

第 1 门课的成绩：89

第 2 门课的成绩：87

第 3 门课的成绩：86

输入第 3 个学生的档案：

学号：1003

姓名：王五

第 1 门课的成绩：95

第 2 门课的成绩：96

第 3 门课的成绩：97

输入第 4 个学生的档案：

学号：1004

姓名：赵六

第 1 门课的成绩：89

第 2 门课的成绩：85

第 3 门课的成绩：88

输入第 5 个学生的档案：

学号：1005

姓名：孙七

第 1 门课的成绩：96

第 2 门课的成绩：95

第 3 门课的成绩：97

NO.	name	score1	score2	score3
1001	张三	90	90	90
1002	李四	89	87	86
1003	王五	95	96	97
1004	赵六	89	85	88
1005	孙七	96	95	97

2. 表 2-1 记录了员工的基本信息，管理人员的工号（16 进制）最高 4 位全是 1，而工人的工号（16 进制）的最高 4 位不全为 1。管理岗位的工资是年薪，工人的工资是月薪，每月的工资由基本工资＋奖金－税金构成，请编程为该表建立一个链表，并在主程序中完成输入 16 进制的工号，输出对应员工的工资条。

表 2-1　员工基本信息

工号	姓名	工资构成/元		
		年薪/基本工资	奖金	税金
0xF001	张三	200 000		
0xF002	李四	200 000		
0x0003	王五	3 000	1 200	230
0x0004	赵六	3 000	1 300	240
0x0005	孙七	2 800	1 400	260

（1）实验分析

根据题目说明，员工的岗位是通过工号的高 4 位来确定的，可以用位运算来判别高 4 位是否全为 1 来确定其岗位。不同岗位工资的构成是不同的，故工资应该用共用体来实现。该实验要求根据一个数组中的数据建立一个链表，并在主程序中输入 16 进制的工号输出对应员工的工资条。故该实验应该分解为：create 函数、display 函数、find 函数。

（2）功能划分及设计

主函数：表格数据初始化；调用建表函数建立链表；输入工号，找到该工号的信息并调用显示函数将其内容显示出来。

子函数 create：根据表格数据建立一个链表，由于公用体中含有一个结构体，在初始化的时候只能初始化第一个数据基本工资，故员工为普通员工的奖金与税金需要从键盘输入。

子函数 display：将指定地址的一条记录输出。

子函数 find：根据指定的工号，在链表中找到该员工记录的地址。

（3）参考代码

```
#include <stdlib.h>
#include <stdio.h>
#include <conio.h>
#include <string.h>
#define N 5
typedef struct monthsalary
{
    float JBGZ;
    float jiangjin;
    float shuijin;
}MSalary;
typedef union salary
{
    float yearsalary;
    MSalary gongzi;
}Salary;
typedef struct Employee
```

```
{    int   ID;
     char XM[20];
     Salary gz;
     struct Employee *next;
} Employee;
Employee *create(Employee ee[])
{
     Employee *h,*fre,*head;
     int i=0;
     for(i=0;i<N;i++)
     {
          h=(Employee *)malloc(sizeof(Employee));
          h->ID=ee[i]. ID;
          strcpy(h->XM,ee[i]. XM);
          if(h->ID>>12==15)
               h->gz. yearsalary=ee[i]. gz. yearsalary;
          else
          {
               h->gz. gongzi. JBGZ=ee[i]. gz. gongzi. JBGZ;
               printf("\n 输入%s 的奖金:",h->XM);
               scanf("%f",&h->gz. gongzi. jiangjin);
               printf("\n 输入%s 的税金:",h->XM);
               scanf("%f",&h->gz. gongzi. shuijin);
          }
          h->next=NULL;
          if(i>0)
               fre->next=h;
          fre=h;
          if(i==0)head=h;
     }
     return head;
}
void display(Employee *p)
{
     if(p!=NULL)
          if(p->ID>>12==15)
          {
               printf("工号\t 姓名\t 年薪\n");
               printf("%d\t%s\t%7. 2f\t\n",p->ID,p->XM,p->gz. yearsalary);
```

```
            }
            else
            {
                printf("工号\t 姓名\t 基本工资\t 奖金\t 税金\n");
                printf("%d\t%s\t%7.2f\t\t%7.2f\t%7.2f\t\n",p->ID,p->XM,
                        p->gz.gongzi.JBGZ,p->gz.gongzi.jiangjin,
                        p->gz.gongzi.shuijin);
            }
        else
            printf("查无此人\n");
}
Employee *find(Employee *h,int k)
{
    Employee *t = h;
    while(t! = NULL)
    {
        if(t->ID == k)
            return t;
        else
            t = t->next;
    }
    return NULL;
}
void main()
{
    Employee ee[5] = {{0xf001,"张三",200000,0},
                      {0xf002,"李四",200000,0},
                      {0x1003,"王五",3000,0},
                      {0x1004,"赵六",3000,0},
                      {0x1005,"孙七",2800,0}};
Employee *head，*p；
int temp = 1;
head = create(ee);
while(temp>0)
{
    printf("\n 请输入员工工号(16 进制)");
    scanf("%x",&temp);
    fflush(stdin);
    p = find(head,temp);
```

```
            display(p);
        }
    }
```

（4）测试结果

输入王五的奖金:1200

输入王五的税金:230

输入赵六的奖金:1300

输入赵六的税金:240

输入孙七的奖金:1400

输入孙七的税金:260

请输入员工工号(16 进制)1003

工号	姓名	基本工资	奖金	税金
4099	王五	3000.00	1200.00	230.00

请输入员工工号(16 进制)f1001

查无此人

请输入员工工号(16 进制)f002

工号	姓名	年薪
61442	李四	200000.00

请输入员工工号(16 进制)f1001

查无此人

请输入员工工号(16 进制)f002

工号	姓名	年薪
61442	李四	200000.00

请输入员工工号(16 进制)

四、实验注意事项

1. 注意结构体与普通数据结构的关系；
2. 注意访问结构体成员的方法。

五、思考题

1. 一本书的关键信息有 ISBN 编码、书名、作者、价格、出版社，请为书设计一个结构体存放这些信息。

2. 在上题的基础上，建立一个小书库，并为小书库添加增删查改操作。（提示：用动态存储空间建立链表。）

实验 13 文件操作

一、实验目的

1. 掌握文件、缓冲文件系统、文件指针的概念；
2. 学会使用缓冲文件系统中的文件打开、关闭、读、写等文件操作函数。

二、实验准备

1. 文件建立、打开及关闭基本操作；
2. 文件读、写基本操作；
3. 文件操作状态的判断。

三、实验内容

1. 从键盘输入一个字符串，然后将其保存到磁盘的文件 file1. txt 上，该文件打开时用文本模式。

2. 修改上述程序，输入若干个字符串保存到 file2. txt 中，并将其显示在屏幕上。再回到操作系统，用记事本程序打开，比较两者显示的内容。

3. 建立如下结构：

```
struct student{
    char name[8];       /*姓名*/
    long num;           /*学号*/
    int score;          /*成绩*/
};
```

输入班级名称，再用循环语句输入 5 位学生的信息（姓名、学号、成绩），并以二进制模式保存到文件 student. stu 中。设定 . stu 格式文件的结构如下：

```
char typeFlag[3];       /*文件类型标识,分别是字符 S、T、U 的 ASCII 码*/
char classN[20];        /*班级名称*/
int n;                  /*该文件中学生的个数,在本题中是 5*/
学生 1 的信息            /*参考上述 student 结构体*/
学生 2 的信息
学生 3 的信息
学生 4 的信息
学生 5 的信息
```

再编写一个函数将上面的文件以二进制形式打开，读出并显示在屏幕上。再回到

Windows 操作系统,用记事本程序将该文件打开,比较两者显示的内容有什么区别。

4. 编程提示。

文件指针在 C 语言中用一个指针变量指向一个文件,这个指针称为文件指针。通过文件指针就可对它所指的文件进行各种操作。定义说明文件指针的一般形式为:FILE *指针变量标识符;其中 FILE 应为大写,它实际上是由系统定义的一个结构,该结构中含有文件名、文件状态和文件当前位置等信息。在编写源程序时不必关心 FILE 结构的细节。例如:"FILE *fp";表示 fp 是指向 FILE 结构的指针变量,通过 fp 即可找存放某个文件信息的结构变量,然后按结构变量提供的信息找到该文件,实施对文件的操作。习惯上也笼统地把 fp 称为指向一个文件的指针。文件在进行读写操作之前要先打开,使用完毕要关闭。所谓打开文件,实际上是建立文件的各种有关信息,并使文件指针指向该文件,以便进行其他操作。关闭文件则断开指针与文件之间的联系,也就禁止再对该文件进行操作。

在 C 语言中,文件操作都是由库函数来完成的。

四、实验注意事项

1. 建立文件时应对是否成功建立进行判断和处理;
2. 在写入文件内容时也要对是否操作成功进行判断和处理;
3. 文件格式。

五、思考题

1. 不同格式文件之间如何转换?
2. 二进制文件与文本文件有何区别?
3. C 语言系统提供的文件操作函数与 Windows 系统函数有什么不同?

第 3 部分

《C 语言程序设计基础》
课程设计

第1章　课程设计题目库

一、学生信息管理系统

【基本要求】

学生信息包括:学号、姓名、性别、出生年月、地址、电话、E-mail 等。系统以菜单方式工作。

【功能要求】

(1) 学生信息录入(学生信息用文件保存);

(2) 学生信息输出;

(3) 学生信息查询(可按学号或姓名查询)和排序;

(4) 学生信息的删除与修改(可选择);

(5) 要求界面简单明了,有一定的容错能力。最好用链表的方式实现。

二、学生综合测评系统

【基本要求】

每个学生的信息为:学号、姓名、性别、家庭住址、联系电话、语文、数学、外语三门单科成绩、考试平均成绩、考试名次、学生互评分、品德成绩、任课教师评分、综合测评总分、综合测评名次。其中考试平均成绩、学生互评分、品德成绩、任课教师评分分别占综合测评总分的 60%,10%,10%,20%。

【功能要求】

(1) 输入学生信息:学号、姓名、性别、家庭住址、联系电话,按学号从小到大的顺序存入文件中。

(2) 插入(修改)学生信息。

(3) 删除学生信息。

(4) 输出学生信息。

(5) 按考试科目录入学生成绩,按公式:考试平均成绩＝(语文＋数学＋外语)/3 计算考试平均成绩,并计算考试名次。提示:先把学生信息读入数组,然后按提示输入每科成绩,计算考试平均成绩,求出名次,最后把学生记录写入一个文件中。

(6) 学生测评数据输入并计算综合测评总分及名次。

(7) 学生数据管理。

(8) 学生数据查询。

(9) 学生综合信息输出。

三、图书管理系统

【基本要求】

主要包括管理图书的库存信息、每一本书的借阅信息以及每一个人的借书信息。每一本图书的库存信息包括编号、书名、作者、出版社、出版日期、定价、类别、总入库数量、当前库存量、已借出本数等。每一本图书的被借阅信息包括：编号、书名、定价、借书证号、借书日期、到期日期、罚款金额等。每一个人的借书信息包括借书证号、姓名、班级（单位）、学号（工号）等。

【功能要求】

（1）借书操作；

（2）还书操作；

（3）续借处理；

（4）读者管理；

（5）统计分析；

（6）系统参数设置，可以设置相关的罚款规则，最多借阅天数等系统服务参数。

四、个人通讯录管理系统

【基本要求】

建立一通讯录，输入姓名、电话号码、住址等信息，然后对通讯录进行显示、查找、添加、修改及删除等操作。

【功能要求】

（1）通讯录的每一条信息包括姓名、单位、固定电话、手机、分类等；

（2）输入功能要求可以一次完成若干条信息的输入；

（3）显示功能要求完成全部通讯录信息的显示；

（4）查找功能要求可以按姓名、电话号码等多种方式进行查找；

（5）添加、删除、修改功能要求完成通讯录信息的更新。

五、教师工资管理系统

【基本要求】

每个教师的信息为：编号、姓名、性别、单位名称、家庭住址、联系电话、基本工资、津贴、生活补贴、应发工资、电话费、水电费、房租、所得税、卫生费、公积金、合计扣款、实发工资。注：应发工资＝基本工资＋津贴＋生活补贴；合计扣款＝电话费＋水电费＋房租＋所得税＋卫生费＋公积金；实发工资＝应发工资－合计扣款。

【功能要求】

（1）输入教师信息；

（2）修改教师信息；

（3）删除教师信息；

（4）输出教师信息；

（5）按编号录入教师基本工资、津贴、生活补贴、电话费、水电费、房租、所得税、卫生费、公积金等基本数据；

（6）计算教师实发工资、合计扣款、应发工资；

（7）教师数据查询；

（8）输出教师综合信息。

六、教师工作量管理系统

【基本要求】

计算每个教师一个学期所教课程的总工作量。（教师单个教学任务的信息为：编号、姓名、性别、职称、任教课程、班级、班级人数、理论课时、实验课时、单个教学任务总课时。）

【功能要求】

（1）输入教师教学信息，包括编号、姓名、性别、职称、任教课程、班级、班级人数、理论课时、实验课时；

（2）插入（修改）教师教学信息；

（3）删除教师教学信息；

（4）输出教师教学信息；

（5）计算单个教学任务总课时；

（6）计算教师一个学期总的教学工作量，总的教学工作量＝所有单个教学任务课时之和；

（7）教师数据查询。

七、贪吃蛇游戏

【基本要求】

有一定游戏规则，图形显示。数据使用数组、结构体、链表等均可。操作可用键盘或鼠标。游戏要有级别设置、计分等功能。

【功能要求】

贪吃蛇游戏是一个经典小游戏，一条蛇在封闭围墙里，围墙里随机出现一个食物，通过按键盘四个光标键或移动鼠标控制蛇向上下左右四个方向移动，蛇头撞到食物，则食物被吃掉，蛇身体长一节，同时记 10 分，接着又出现食物，等待蛇来吃，如果蛇在移动中撞到墙或身体交叉蛇头撞到自己身体，游戏结束。

八、五子棋游戏

【基本要求】

有一定游戏规则，图形显示。数据使用数组、结构体、链表等均可。操作可用键盘或鼠标，游戏要有级别设置、计分等功能。

【功能要求】

五子棋是一种两人对弈的纯策略型棋类游戏，容易上手，两人对局，各执一色，轮流下一子，先将横、竖或斜线的 5 个或 5 个以上同色棋子连成不间断的一排者为胜。五子棋的棋具与围棋的棋具相同，纵横各十七道。

九、俄罗斯方块游戏

【基本要求】

有一定游戏规则，图形显示。数据使用数组、结构体、链表等均可。操作可用键盘或鼠标。

游戏要有级别设置、计分等功能。

【功能要求】

由小方块组成的不同形状的板块陆续从屏幕上方落下来,玩家通过调整板块的位置和方向,使它们在屏幕底部拼出完整的一条或几条。这些完整的横条会随即消失,给新落下来的板块腾出空间,与此同时,玩家得到分数奖励。没有被消除掉的方块不断堆积起来,一旦堆到屏幕顶端,玩家便输,游戏结束。

十、扫雷游戏

【基本要求】

有一定游戏规则,图形显示。数据使用数组、结构体、链表等均可。操作可用键盘或鼠标。游戏要有级别设置、计分等功能。

【功能要求】

(1) 操作简单(拖曳拉动、快速模式切换、快速开启等);

(2) 音效辅助;

(3) 排行榜与统计资料;

(4) 三种难度可供选择;

(5) 可自由调整棋盘大小与地雷数量。

十一、红心大战游戏

【基本要求】

有一定游戏规则,图形显示。数据使用数组、结构体、链表等均可。操作可用键盘或鼠标。游戏要有级别设置、计分等功能。

【功能要求】

红心大战目标是出掉手中的牌、避免得分,争取在游戏结束时得分最低。红心大战由四个玩家一同进行,使用一副没有大、小王的扑克牌,只要任何一个玩家的得分超过 100 分,游戏即结束。

十二、21 点游戏

【基本要求】

有一定游戏规则,图形显示。数据使用数组、结构体、链表等均可。操作可用键盘或鼠标。游戏要有级别设置、计分等功能。

【功能要求】

21 点一般用到 1～8 副牌。庄家给每个玩家发两张牌,一张牌面朝上(叫明牌),一张牌面朝下(叫暗牌);给自己发两张牌,一张暗牌,一张明牌。大家手中扑克点数的计算是:K、Q、J 和 10 牌都算作 10 点。A 牌既可算作 1 点也可算作 11 点,由玩家自己决定。其余所有 2～9 牌均按其原面值计算。假如玩家没爆掉,又决定不再要牌了,这时庄家就把他的那张暗牌打开。一般到 17 点或 17 点以上不再拿牌,但也有可能 15～16 点甚至 12～13 点就不再拿牌或者 18～19 点继续拿牌。假如庄家爆掉了,那他就输了。假如他没爆掉,那么你就与他比点数大小,大为赢。一样的点数为平手。("爆掉"就是指点数超过了 21 点)

十三、坦克大战游戏

【基本要求】

有一定游戏规则,图形显示。数据使用数组、结构体、链表等均可。操作可用键盘或鼠标。游戏要有级别设置、计分等功能。

【功能要求】

游戏中玩家操纵的机器人的射速比较慢,按住攻击键后可提升射速,但这种状态下机器人是不可移动的。在游戏中机器人可以使用护盾,多少抵挡一些敌人的攻击,但是护盾的使用次数是有限制的。游戏中的关卡可分为 3 小关,其中第 2 小关是以第一人称视角进行游戏的,在这种状态下玩家要在击破敌人的同时还要找出口,玩家控制的机器人可以前后转向,不过关卡并不是迷宫性质的,就一条路,只要注意击破敌人就行了,不会出现迷路的情况。(说明:机器人由玩家控制,坦克由电脑程序控制。)

十四、年历显示

【基本要求】

输入一个年份,屏幕上显示该年的日历情况,具体显示格式可以灵活设置,以美观、实用为基本要求。输入的年份限制在 1940—2040 年之间。

【功能要求】

(1) 输入年月,屏幕上显示该月的日历;

(2) 输入年月日,屏幕显示距今天还有多少天,星期几,是否为公历节日等;

(3) 查询某年某月某日的农历日期;

(4) 将查询情况以日志的形式保存到相应磁盘文件中,并随时可查。

十五、小学生数学测验

【基本要求】

完成一个小学低年级学生整数加减法测试的基本功能。

【功能要求】

(1) 面向小学 1~2 年级学生,随机选择一个整数加减法算式,要求学生解答;

(2) 电脑随机出 10 道题,每题 10 分,程序结束时,显示学生得分;

(3) 确保算式进行 50 以内的加减法,不允许出现负数;

(4) 每道题学生有三次机会输入答案,当学生输入错误答案时,提醒学生重新输入,如果三次机会结束,则输出正确答案;

(5) 对于每道题,学生第一次输入正确答案得 10 分,第二次输入正确答案得 7 分,第三次输入正确答案得 5 分,否则不得分;

(6) 总成绩 90 分以上显示"SMART",80~90 分显示"GOOD",70~80 分显示"OK",60~70分显示"PASS",60 分以下"TRY AGAIN";

(7) 将每位被测者的姓名,测试日期和时间,测试成绩信息等存放到磁盘文件中,并随时可查。

十六、运动会比赛计分系统

【基本要求】

初始化输入,N-参赛学校总数,M-男子竞赛项目数,W-女子竞赛项目数。各项目名次取法及得分情况:取前5名,第一名得分7分、第二名得分5、第三名得分3、第四名得分2、第五名得分1;取前3名,第一名得分5、第二名得分3、第三名得分2。

【功能要求】

(1) 系统以菜单方式工作;

(2) 由程序提醒用户填写比赛结果,输入各项目获奖运动员信息;

(3) 所有信息记录完毕后,用户可以查询各个学校的比赛成绩;

(4) 查看参赛学校信息和比赛项目信息等。

十七、学生学籍管理系统

【基本要求】

用数据文件存放学生的学籍,可对学生学籍进行注册、登录、修改、删除、查找、统计、学籍变化等操作(用文件保存)。

【功能要求】

(1) 系统以菜单方式工作;

(2) 登记学生的学号、姓名、性别、年龄、籍贯、系别、专业、班级;

(3) 修改已知学号的学生信息;

(4) 删除已知学号的学生信息;

(5) 查找已知学号的学生信息;

(6) 按学号、专业输出学生籍贯表;

(7) 查询学生学籍变化,比如入学、转专业、退学、留级、休学、毕业等。

十八、安保人员排班系统

【基本要求】

学校实验楼有7名保安人员:钱、赵、孙、李、周、吴、陈。由于工作需要进行轮休制度,每星期每人休息一天。预先让每一个人选择自己认为合适的休息日。

【功能要求】

(1) 显示轮休的所有可能方案供值班人员选择,尽量使每个人都满意;

(2) 形成文件记录并能随时查询个人排班情况。

十九、学生选课系统

【基本要求】

假定有 n 门课程,每门课程有课程编号、课程名称、课程性质、学时、授课学时、实验或上机学时、学分、开课学期等信息,学生可按要求(如总学分不得少于15)自由选课。

【功能要求】

(1) 系统以菜单方式工作;

（2）课程信息和学生选课信息录入功能（课程信息用文件保存）；

（3）课程信息的输出功能；

（4）查询功能；

（5）某门课程学生选修情况。

二十、实验室机房使用情况管理系统

【基本要求】

记录、统计实验室机房使用情况，提高机房使用效率。

【功能要求】

（1）输入功能要求输入学生的学号、班级、姓名、上机起始时间；

（2）计算功能要求计算每个学生的上机时间；

（3）查询功能要求按条件（班级、学号、姓名）查找并显示学生的上机情况；

（4）机器使用情况的显示（显示方式不限但要一目了然）。

二十一、班级成绩管理系统

【基本要求】

对一个有 N 个学生的班级，每个学生有 M 门课程。该系统实现对班级成绩的录入、显示、修改、排序、保存等操作的管理，数据保存在文件中。系统采用一个结构体数组，每个数据的结构应当包括：学号、姓名、M 门课程名称。

【功能要求】

（1）成绩录入；

（2）成绩显示；

（3）成绩保存；

（4）成绩排序；

（5）成绩修改（要求先输入密码）；

（6）成绩统计；

（7）系统退出。

二十二、图书馆阅览室座位预定系统

【基本要求】

200 个座位，编号 1～200，从早八点到晚八点。2 个小时一个时间段，每次可预定一个时间段。

【功能要求】

（1）系统以菜单方式工作；

（2）查询，根据输入时间输出相应座位信息；

（3）座位预定，根据输入的时间查询是否有空位，若有则预约，若无则提供最近的时间段；

（4）取消预定，根据输入的时间，座位号取消预定；

（5）查询是否有等待信息，若有则提供最优解决方案（等待时间尽量短），若无则显示提示信息。

二十三、工资纳税管理系统

【基本要求】

个人所得税每月交一次,底线是 3500 元/月,也就是超过了 3500 元的月薪才开始计收个人所得税。

【功能要求】

（1）输入工资计算纳税金额,并将结果存放在文件中;

（2）实现随时直接查找某人税金功能。

二十四、校园歌手大奖赛评分系统

【基本要求】

对一次比赛过程的歌手成绩进行相关数据录入、统计及查询管理。

【功能要求】

（1）输入选手数据;

（2）评委打分;

（3）成绩排序（按平均分排序）;

（4）数据查询;

（5）追加歌手数据;

（6）写入数据文件;

（7）系统退出。

二十五、用英文单词模拟数学计算

【基本要求】

读入两个小于 100 的正整数 A 和 B,计算 A＋B。需要注意的是:A 和 B 的每一位数字由对应的英文单词给出。

具体的输入输出格式规定如下:

（1）输入格式:测试输入包含若干测试用例,每个测试用例占一行,格式为"A＋B＝",相邻两字符串有一个空格间隔。当 A 和 B 同时为 zero 时输入结束,相应的结果不输出。

（2）输出格式:对每个测试用例输出 1 行,即 A＋B 的值。

（3）输入样例:

one + two =

three four + five six =

zero seven + eight nine =

zero + zero =

（4）输出样例:

three

nine zero

nine six

【功能要求】

要求用文件记录相关信息并实现简单的查找功能。

二十六、C语言关键字的中英翻译机

【基本要求】

要求输入中文的名词和关键字,可以将其翻译成英语,如输入"基本整型"＋回车,得到 int;输入英文单词 int,则可以翻译成中文"基本整型"。

【功能要求】

(1)可模拟文曲星或其他翻译软件来实现。可多次查询,输入 bye 时退出;

(2)主界面设计和词库文件设计,以及查找算法的优化。

二十七、设计一个简单的计算器

【基本要求】

(1)进行＋、－、＊、/等运算;

(2)可以带括号( );

(3)不限定运算式的输入长度。

【功能要求】

参考市场出售的常规计算器或手机安装的计算器软件设定功能。

二十八、计算 24 点游戏

【基本要求】

24 点是 4 个数通过四则运算、括号得到结果为 24 的一种数学游戏。要求显示计算过程, 并提示成功信息。

【功能要求】

(1)以一副扑克牌为数据源,抽去大小王剩下 52 张;

(2)任意抽取 4 张牌,利用四则运算把牌面上的数算成 24;

(3)每张牌能且只能用一次。

二十九、汉诺塔模拟软件设计

【基本要求】

盘子个数可选范围为 1～64。

【功能要求】

合理控制移动速度,开始演示汉诺塔移动的步骤,要求:盘子、A 柱、B 柱、C 柱需要自己绘制,初始时盘子在 A 柱上通过 B 柱最终移动到 C 柱上,显示出盘子在几个柱之间的移动过程。

三十、多项式加法的实现

【基本要求】

已知如下两个多项式:

(1) $P(x) = p^{m-1}X^{m-1} + p^{m-2}X^{m-2} + \cdots + p^1X + p^0$

(2) $Q(x) = q^{n-1}X^{n-1} + q^{n-2}X^{n-2} + \cdots + q^1X + q^0$

求它们和的多项式 $\dot{S}(x)$。

【功能要求】

（1）参数可灵活调整；

（2）要有一定的精确度控制；

（3）突破传统数据类型数值表示范围的限制。

三十一、模拟带进度条的十字交叉路口交通信号灯控制

【基本要求】

实现十字路口交通信号控制。

【功能要求】

红绿灯带进度条显示。

三十二、文件加密解密系统设计

【基本要求】

文件的传输会有明文和密文的区别，明文发送是不安全的，用一个程序实现发送文件的加密和解密操作。加密算法，密钥设计由学生自己选择现有的加密解密算法或自己设计。

【功能要求】

（1）对文件的字符根据加密算法，实现文件加密；

（2）对操作给出必要的提示；

（3）对存在的 file1. txt 文件，必须先打开，后读写，最后关闭。加密后的文件放在 file2. txt 中；

（4）解密文件保存在 file3. txt 中。

三十三、商品订购系统设计

【基本要求】

实现一个简单的商品订购系统。

【功能要求】

屏幕上出现一个界面，顾客可以输入商品名称、商品型号等查找所需商品，列出商品编号、商品名称、商品型号、商品价格、商品产地、库存数量和已订购数量；然后根据商品编号，列出对应商品信息。输入邮寄地址，确认订购。是否继续选购其他商品，列出所有选订商品，再次确认订购。建立两个文件，分别存放商品信息与订购信息。

三十四、设备管理系统设计

【基本要求】

实现一个简单的设备管理系统。

【功能要求】

设备管理系统应包含各种设备的全部信息，每台设备为一条记录（同一时间同一部门购买的若干台相同设备可作为 1 条记录），包括设备号、设备名称、领用人、所属部门、数量、购买时间、价格等。能够显示和统计各种设备的信息。

三十五、飞机订票系统设计

【基本要求】

假设飞机共有 80 个座位,分 20 排,每排 4 个座位。编号为 A,B,C,D。如 10D 表示 10 排 D 座。A 和 D 靠窗。本系统可让乘客自己选座位号和区域,直到乘客满意为止,无法满足的话,只能改乘另一个航班。根据姓名和身份证号打印成功购票的乘客清单。

【功能要求】

(1) 初步完成总体设计,搭好框架,确定人机对话的界面,确定函数个数;

(2) 建立一个小系统,包括 5 排座位,每排 4 个座位(编号为 A,B,C,D),能供乘客选择;

(3) 完成全部功能;

(4) 界面友好(良好的人机交互),加必要的注释;

(5) 要提供程序测试方案。

三十六、魔方阵设计

【基本要求】

把整数 1 到 n 的平方排成一个 n×n 方阵,使方阵中的每一行、每一列以及对角线上的数之和都相同。

【功能要求】

编写程序实现并显示其过程。

三十七、电子英汉词典设计

【基本要求】

实现简单电子英汉词典的功能,具体操作包括单词的添加、显示、查找、删除、修改和保存等。

【功能要求】

(1) 词条录入,即添加单词记录;

(2) 信息显示,将所有的单词按字母顺序显示;

(3) 词条修改,对已经输入的单词信息进行修改;

(4) 词条删除,删除某个单词记录;

(5) 单词查询,输入单词英文拼写,输出该单词的中文释义;

(6) 信息保存,将单词信息保存到文件;

(7) 系统退出。

三十八、会员卡计费系统

【基本要求】

设计一个会员卡计费管理系统。

【功能要求】

(1) 新会员登记,将会员个人信息及此会员的会员卡信息进行录入;

(2) 会员信息修改;

（3）会员续费，会员出示会员卡后，管理人员根据卡号查找到该会员的信息并显示。此时可以进行续费，成功后显示更新后的信息；

（4）会员消费结算，会员出示会员卡后，管理人员根据卡号查找到该会员的信息，结算本次费用。提示成功，并显示更新后的信息。累计消费满 1000 元，即自动升级为 VIP 会员，每次消费给予 9 折优惠；

（5）会员退卡，收回会员卡，并将余额退还，删除该会员信息；

（6）用菜单进行管理；

（7）统计功能，能够按每个会员的缴费总额进行排序。在排序的最后一行显示所有会员的缴费总额，以及消费总额。能够按累计消费总额进行排序。

三十九、小区物业费管理系统

【基本要求】

完成小区物业费用管理系统设计。

【功能要求】

（1）新住户信息的添加，包含户主姓名、性别、身份证号、联系电话、楼号、单元号、房号、面积、每平方米物业价格、应缴纳物业费、备注等；

（2）修改住户信息的功能；

（3）删除住户信息的功能；

（4）应缴物业费自动生成。每月 1 号，自动生成本月份的物业费。如果该住户之前的物业费未交清，则本月物业费与拖欠费进行累加；

（5）缴费功能，根据用户缴纳金额修改"应缴纳物业费"；

（6）统计功能，能够按楼号分类统计所有未交清物业费的记录。能够按拖欠款多少，对所有用户信息进行从大到小排序；

（7）用菜单进行管理。

四十、单项选择题标准化考试系统设计

【基本要求】

设计一个针对单项选择题的自动阅卷系统。

【功能要求】

（1）用文件保存试题库，每个试题包括题干、4 个备选答案、标准答案等；

（2）试题录入，可随时增加试题到试题库中；

（3）试题抽取，每次从试题库中可以随机抽出 N 道题，N 由键盘输入；

（4）答题，用户输入自己的答案；

（5）自动判卷，系统根据用户答案与标准答案的对比实现判卷并给出成绩。

四十一、销售管理系统设计

【基本要求】

完成一个简单的销售管理系统设计。某公司有四个销售员（编号：1~4），负责销售五种产品（编号：1~5）。每个销售员都将当天出售的每种产品录入系统，包含销售员的代号、产品的

代号、产品当天的销售额等。

【功能要求】

（1）系统以菜单方式工作；

（2）销售信息录入功能，信息用文件保存；

（3）录入上月的所有销售信息，读取销售情况。

四十二、个人小管家系统设计

【基本要求】

个人小管家应用系统给家庭提供了一个管理个人财务的平台，主要用于对家庭成员收入、支出进行添加、查询、删除、修改以及打印的操作，使得家庭财务收支状况一目了然。

【功能要求】

（1）主菜单包括收入管理、支出管理和退出；

（2）添加收入记录；

（3）查询收入记录；

（4）删除收入记录；

（5）修改收入记录；

（6）打印收入记录；

（7）添加支出记录；

（8）查询支出记录；

（9）删除支出记录；

（10）修改支出记录；

（11）打印支出记录；

（12）系统退出。

四十三、文本文件中符号个数的统计

【基本要求】

读取文本文件，进行符号统计。

【功能要求】

输入文本文件，找出其中有多少个空格和多少个单词（规定单词间以一个或多个空格分开）。若一个单词恰好在行末结束，则下一行的开头应有空格，句号和逗号后面也应有空格。

四十四、n 阶方阵求逆

【基本要求】

输入一个 $n(n<256)$ 阶方阵 A，输出它的逆矩阵，将得到的逆矩阵与原来的矩阵相乘，验证其结果是单位矩阵。

【功能要求】

（1）输入方阵 A；

（2）输出方阵 A；

（3）输出逆矩阵；

（4）输出方阵 A 与其逆矩阵的乘积；

（5）系统退出。

四十五、进制转换

【基本要求】

只能使用 C 语言，源程序要有适当的注释，使程序容易阅读，至少采用文本菜单界面（如果能采用图形菜单界面更好）。

【功能要求】

编一程序，实现将输入的一个无符号整数转换为二进制和八进制表示，分别存入字符数组中并输出（提示：算法采用模拟人工法）。

注：计算机模拟人工是编程中常用的方法，这种方法要求编程者首先分析在人工方式下解决问题的过程，从中找出步骤和规律，然后编写程序，按照人工解决问题的步骤和规律进行操作。

四十六、车票管理系统

【基本要求】

只能使用 C 语言，源程序要有适当的注释，使程序容易阅读，至少采用文本菜单界面（如果能采用图形菜单界面更好）。

车站每天有 n 个发车班次，每个班次有一班次号（1、2、3、…、n），固定的发车时间，固定的路线（起始站、终点站），大致的行车时间，固定的额定载客量。如

班次	发车时间	起点站	终点站	行车时间	额定载量	已订票人数
1	06:30	流花	厚街	2	45	30
2	07:00	流花	常平	3	40	40
3	08:00	流花	揭阳	5	40	20
4	09:00	流花	揭阳	5	40	2

【功能要求】

（1）录入班次信息（信息用文件保存），可不定时地增加班次数据；

（2）输出班次信息，显示出所有班次当前状态（如果当前系统时间超过了某班次的发车时间，则显示“此班次已发出”的提示信息）；

（3）查询路线，可按班次号、终点站查询；

（4）售票和退票功能。

四十七、课程信息管理系统

【基本要求】

假定有 n 门课程，每门课程有课程编号、课程名称、课程性质、学时、授课学时、实验或上机学时、学分、开课学期等信息。

【功能要求】

（1）课程信息录入；

（2）课程信息显示；

（3）课程信息保存；

（4）课程信息删除；

（5）课程信息修改；

（6）课程信息查询（按学分查询）；

（7）系统退出。

四十八、共享单车管理系统

【基本要求】

设计一个城市共享单车管理软件。模拟摩拜、小鸣等共享单车管理系统基本功能。

【功能要求】

（1）注册登录模拟；

（2）扫码开锁模拟；

（3）行驶路线记录模拟；

（4）费用计算模拟；

（5）锁闭停车模拟；

（6）异常情况处理模拟。

四十九、高铁出行查询系统

【基本要求】

设计一个高铁线路及出行查询系统。

【功能要求】

（1）线路建立；

（2）线路编辑；

（3）出行查询；

（4）其他功能。

五十、城市公交查询系统

【基本要求】

设计一个城市公交线路及出行查询系统。

【功能要求】

（1）线路建立；

（2）线路编辑；

（3）出行查询；

（4）其他功能。

第 2 章　课程设计报告实例 1

设计题目:学生考试成绩管理系统

1. 需求分析

在计算机技术日益发展与不断成熟的今天,各行各业都离不开计算机系统应用。计算机技术被广泛应用于各种信息管理工作中,不仅提高了工作效率,而且大大提高了安全性。尤其对于复杂的信息管理,计算机系统更能够充分发挥它的优越性。运用计算机技术进行信息管理与信息管理系统的开发密切相关,系统开发成为系统管理的前提。高校学生考试成绩管理系统的开发,对于加强在校生的成绩管理起到积极作用。可以为在校生随时查阅自己的成绩信息、教师录入成绩、管理员进行信息维护等提供方便,为学校节省大量人力资源。本系统开发的目的就是为了更好地管理学生考试成绩信息,实现考试成绩管理的基本功能。

2. 功能结构设计

(1) 基本功能:添加成绩、删除成绩、查询学生成绩、查询班级成绩、系统退出;

(2) 拓展功能:写入文件、读取文件。

成绩记录中记录以下数据:学号、姓名、课程编号、课程名称、成绩、学分,所有成绩都以百分制计分;输入信息时要检查数据项学号(12 位数字)、课程编号(0~100 之间的整数)、成绩(5 位数字)、学分(1~5 之间的实数)的合法性。

添加成绩时,需要输入学生的学号或姓名、课程编号及成绩,如已有该门课程成绩给出提示。查询个人成绩时,以学号或姓名作为关键字,可查询一个学生的所有成绩和已完成的总学分等信息。查询班级成绩时,以课程编号为关键字,成绩表后面统计平均分、及格率及全班学生不同课程在不同分数段分布的人数及百分比等信息。

程序启动时先从文件读入数据,如果文件中没有数据则给出相应提示。每次修改的数据写入相关文件中。

3. 程序设计

参考程序如下

```c
# include <stdio. h>
# include <ctype. h>
# include <string. h>
# include <stdlib. h>
struct student1                 /*数据结构定义1*/
{
```

```
        char num[20];
        char name[20];
        int bj;
    };
struct student2                    /*数据结构定义 2*/
    {
        char xh[20];
        char id[20];
        char idname[20];
        int sorce;
        float jd;
    };
struct student2 s2[200],ss,*pp;
struct student1 s[200],s22,s3,*oo;
int count1 = 0,count2 = 0;
void tj1()                         /*数据录入模块 1*/
    {
    int i,j,n,k;
    printf("请输入想要输入的学生的人的个数:");
    scanf("%d",&n);
    for(j = count1;j<n + count1;j + + )
    {
    k = 0;
    do
    {
        printf("请输入学生学号(12 位数字字符):");
        scanf("%s",s[j]. num);
        for(i = 0;s[j]. num[i]! = '\0';i + + )
        {
            if((i = = 11)&&(isdigit(s[j]. num[i])! = 0))
                k = 1;
            if(i>11)
                {k = 0;}
        }
    }while(k! = 1);
    printf("请输入学生姓名:");
    scanf("%s",s[j]. name);
    printf("请输入班级:");
    scanf("%d",&s[j]. bj);
```

```
    }
    count1 = count1 + n;
}
void tj2()                    /*数据录入模块2*/
{
    int ii,jj,nn,k1,k2,k3,k4;
    printf("请输入想要输入的学科的个数:");
    scanf("%d",&nn);
    for(jj = count2;jj<nn + count2;jj + + )
    {   k1 = 0;k2 = 0;k3 = 0,k4 = 0;
        do
        {
            printf("请输入此成绩的学生学号(12 位数字字符):");
            scanf("%s",s2[jj]. xh);
            for(ii = 0;s2[jj]. xh[ii]! = '\0';ii + + )
            {
                if((ii = = 11)&&(isdigit(s2[jj]. xh[ii])! = 0))
                    k4 = 1;
                if(ii>11)
                {   k4 = 0;}
            }
        }while(k4! = 1);
        do
        {
            printf("请输入课程编号(5 位数字字符):");
            scanf("%s",s2[jj]. id);
            for(ii = 0;s2[jj]. id[ii]! = '\0';ii + + )
            {
                if((ii = = 4)&&(isdigit(s2[jj]. id[ii])! = 0))
                    k1 = 1;
                if(ii>4)
                {   k1 = 0;}
            }
        }while(k1! = 1);
        printf("请输入学科的名称:");
        scanf("%s",s2[jj]. idname);
        do
        {
            printf("请输入成绩(成绩为 0~100 之间的整数):");
```

```
            scanf("%d",&s2[jj]. sorce);
            if((s2[jj]. sorce>=0)&&(s2[jj]. sorce<=100))
                k2=1;
        }while(k2!=1);
        do
        {
            printf("请输入本门课的学分(学分为 1~5 之间实数):");
            scanf("%f",&s2[jj]. jd);
            if((s2[jj]. jd>=1.0)&&(s2[jj]. jd<=5.0))
                k3=1;
        }while(k3!=1);
    }
    count2=count2+nn;
}
void sc1()                  /*记录删除模块 1*/
{
    int i,j,n,k,m=1;
    printf("请输入想要删除基本信息的学生个数:");
    scanf("%d",&n);
    printf("请输入想要删除的学生的学号:");
    scanf("%s",s22. num);
    for(i=0;i<n;i++)
    {
        m=strcmp(s22. num,s[i]. num);
        if(m==0)
        {
            for(j=i;j<n;j++)
            {
                strcpy(s[j]. num,s[j+1]. num);
                strcpy(s[j]. name,s[j+1]. name);
                s[j]. bj=s[j+1]. bj;
            }
            count1=count1-n;
            printf("删除成功");
        }
        else{
            printf("删除不成功");}
    }
}
```

```
void sc2()                    /*记录删除模块 2*/
{
    int ii,jj,nn,k1,k2,k3,k4,mm = 1;
    printf("请输入想要删除的学生成绩的门数：");
    scanf("%d",&nn);
    printf("请输入想要删除的学生的学号：");
    scanf("%s",ss. xh);
    for(ii = 0;ii<nn;ii + + )
    {
        mm = strcmp(ss. xh,s2[ii]. xh);
        if(mm = = 0)
        {
            for(jj = ii;jj<nn;jj + + )
            {
                strcpy(s2[jj]. xh,s2[jj + 1]. xh);
                strcpy(s2[jj]. id,s2[jj + 1]. id);
                strcpy(s2[jj]. idname,s2[jj + 1]. idname);
                s2[jj]. sorce = s2[jj + 1]. sorce;
                s2[jj]. jd = s2[jj + 1]. jd;
            }
            count2 = count2 - nn;
            printf("删除成功");
        }
        else{
            printf("删除不成功");}
    }
}
void tj()                     /*数据录入模块入口*/
{
    int z;
    printf(" 1. * 添加学生基本信息 * ");
    printf(" 2. * 添加学生成绩 * \n");
    printf(" 0. * 退出 * \n");
    scanf("%d",&z);
    switch(z)
    {
        case 1:tj1();break;
        case 2:tj2();break;
        case 0:exit(0);
```

```
            default：；
        }
    }
void sc()                      /*记录删除模块入口*/
{
    int z；
    printf("1. * 删除学生基本信息 * ")；
    printf("2. * 删除学生成绩 * \n")；
    printf("0. * 退出 * \n")；
    scanf("%d",&z)；
    switch(z)
    {
        case 1：sc1()；break；
        case 2：sc2()；break；
        case 0：exit(0)；
        default：；
    }
}
void cx1()                     /*个人成绩查询模块*/
{
    int i,j,n,k,m=1,l=0,ii,nn,pp；
    printf("          1、* 学号查询 *          2、* 名字查询 * \n")；
    scanf("%d",&pp)；
    if(pp==1)
    {
        printf("请输入想要查询的学生的学号：")；
        scanf("%s",s3. num)；
        for(i=0；i<count1；i++)
        {
            m=strcmp(s3. num,s[i]. num)；
            if(m==0)
            {
                printf("学号：%s    学号：%s   班级：%d\n",s[i]. num,s[i]. num,s[i]. bj)；
                for(ii=0；ii<count2；ii++)
                {
                    k=strcmp(s3. num,s2[ii]. xh)；
                    if(k==0)
                    {
                        printf("课程代号：%s",s2[ii]. id)；
```

```
                printf("   课程名称:%s",s2[ii].idname);
                printf("   课程成绩:%d",s2[ii].sorce);
                printf("   课程学分:%f\n\n",s2[ii].jd);
                k=1;
            }
        }
        m=1;
    }
}
if(pp==2)
{
    printf("请输入想要查询的学生的名字:");
    scanf("%s",s3.name);
    for(i=0;i<count1;i++)
    {
        m=strcmp(s3.name,s[i].name);
        if(m==0)
        {
            printf("学号:%s",s[i].num);
            printf("   姓名:%s",s[i].name);
            printf("   班级:%d\n",s[i].bj);
            for(ii=0;ii<count2;ii++)
            {
                k=strcmp(s[i].num,s2[ii].xh);
                if(k==0)
                {
                    printf("课程代号:%s",s2[ii].id);
                    printf("   课程名称:%s",s2[ii].idname);
                    printf("   课程成绩:%d",s2[ii].sorce);
                    printf("   课程学分:%f\n\n",s2[ii].jd);
                    k=1;
                }
            }
            m=1;
        }
    }
}
if(pp!=1 && pp!=2)
```

```
    {
        printf("输入错误请选 1 或者 2\n");
        exit(0);
    }
}
void cx2()                          /*班级成绩查询模块*/
{
    int i,n,m,ii,k1,c,k,cpp=0,tt[200],j=0,jj,pt;
    float rt,ct;
    char d[20];
    printf("请输入想要查询的班级:");
    scanf("%d",&c);
    do
    {
        printf("请输入课程编号(5 位数字):");
        scanf("%s",d);
        for(ii=0;d[ii]!='\0';ii++)
        {
            if((ii==4) && (isdigit(d[ii])!=0))
                k1=1;
        }
    }while(k1!=1);
    for(i=0;i<count1;i++)
    {
        m=strcmp(d,s2[i].id);
        if(m==0)
        {
            for(ii=0;ii<count2;ii++)
            {
                k=strcmp(s[ii].num,s2[i].xh);
                if(k==0 && c==s[ii].bj)
                {
                    printf("课程代号:%s\n",s2[ii].id);
                    printf("学号:%s",s[i].num);
                    printf("姓名:%s",s[i].name);
                    printf("班级:%d\n",s[i].bj);
                    printf("课程名称:%s",s2[ii].idname);
                    printf("课程成绩:%d",s2[ii].sorce);
                    printf("课程学分:%f\n\n",s2[ii].jd);
```

```
                    k = 1;
                    tt[j] = s2[ii]. sorce;
                    j++;
                    if(s2[ii]. sorce>=60)cpp++;
                }
            }
        }
    }
    pt = 0;
    for(jj=0;jj<j;jj++)pt = pt+tt[jj];
    rt = pt/j;
    ct = (100*cpp)/j;
    printf("平均分为%f",rt);
    printf("及格率为:百分之%f\n",ct);
}
void xw()                    /*文件写入模块*/
{
    FILE *fp;
    int i,m,n;
    char filename[20];
    printf("请输入想要储存的内容:1. 学生基本信息 2. 课程成绩\n");
    scanf("%d",&m);
    if(m==1)
    {
        printf("请输入文件的磁盘位置及文件名:");
        scanf("%s",filename);
        if((fp = fopen(filename,"wb+")) == NULL)
        {   printf("不能打开文件\n");
            exit(0);}
        for(i=0;i<count1;i++)
            if(fwrite(&s[i],sizeof(struct student1),1,fp)!=1)
                printf("文件写入错误\n");
        printf("请输入学生学号(要求 8 位数字):");
        scanf("%s",filename);
        fputs(filename,fp);
        fputc('\0',fp);
        printf("请输入学生的姓名:");
        scanf("%s",filename);
        fputs(filename,fp);
```

```
        fputc('\0',fp);
        printf("请输入班级：");
        scanf("%s",filename);
        fputs(filename,fp);
        fclose(fp);}
else if(m==2)
{
        printf("请输入文件的寸盘位置及文件名：");
        scanf("%s",filename);
        if((fp=fopen(filename,"wb+"))==NULL)
        {
            printf("不能打开文件\n");
            exit(0);}
        for(i=0;i<count2;i++)
            if(fwrite(&s2[i],sizeof(struct student2),1,fp)!=1)
                printf("文件写入错误\n");
        printf("请输入学生学号(要求 8 位数字)：");
        scanf("%s",filename);
        fputs(filename,fp);
        fputc('\0',fp);
        printf("请输入课程编号(5 位数字)：");
        scanf("%s",filename);
        fputs(filename,fp);
        fputc('\0',fp);
        printf("请输入学科的名称：");
        scanf("%s",filename);
        fputs(filename,fp);
        fputc('\0',fp);
        printf("请输入成绩(成绩为 0~100 之间的整数)：");
        scanf("%d",filename);
        fputs(filename,fp);
        fputc('\0',fp);
        printf("请输入本门课的学分(学分为 1~5 之间实型数)：");
        scanf("%d",filename);
        fputs(filename,fp);
        fclose(fp);}
else if(m!=1&&m!=2)
{
        printf("输入错误请选 1 或者 2\n");
```

```c
            exit(0);}
    }
    void dw()                    /*文件读取模块*/
    {
        FILE *fp;
        char ch;
        if((fp=fopen("d:\\student. txt","r"))==NULL)
        {
            printf("can not open file. \n");
            exit(0);
        }
        while(!feof(fp))
        {
            ch=fgetc(fp);
            printf("%c",ch);
        }
        printf("\n");
        fclose(fp);
    }
    void main()                    /*主菜单*/
    {
        int t;
        while(1)
        {
            printf("\n\n\n");
            printf("学生成绩管理系统\n");
            printf("1:数据录入\n");
            printf("2:记录删除\n");
            printf("3:个人成绩查询\n");
            printf("4:班级成绩查询\n");
            printf("5:文件写入\n");
            printf("6:文件读取\n");
            printf("0:退    出\n");
            printf("   请选择您要使用的功能编号:     ");
            scanf("%d",&t);
            switch(t)
            {
                case 1:tj();break;
                case 2:sc();break;
```

```
        case 3:cx1();break;
        case 4:cx2();break;
        case 5:xw();break;
        case 6:dw();break;
        case 0:exit(0);
        default:;
      }
    }
}
```

4. 程序测试

在函数开始时,初始化临时结构体数组,结构体内所有成绩均为 0。读取目标文件,然后运行功能函数,选择需要的功能。运行界面如图 3-1 所示。输入学生的学号、姓名、课程编号、课程名称、成绩、学分,并在输入时检查输入的合法性,然后检查结构体数组内是否有学号、姓名、课程编号都相同的重复数据。删除已存在学生的信息,通过输入学生的学号或姓名来检索需要删除的内容。查找学生个人信息,通过输入学生的学号或姓名来进行查找,输出全部个人成绩。查询班级成绩,通过输入课程编号检索所有该门课程的成绩。将内存里的结构体数组保存到文件中,用 fwrite() 函数,按一个结构体为单位保存到文件中。

```
学生成绩管理系统
1:数据录入
2:记录删除
3:个人成绩查询
4:班级成绩查询
5:文件写入
6:文件读取
0:退    出
  请选择您要使用的功能编号:
```

图 3-1　系统运行界面

5. 小结

经过 2 周的集中实践,掌握了 C 语言程序设计的基本思想和方法,在编程的过程中,遇到了很多难题。编写程序需要耐心,有时程序有几百甚至上千行,没有耐心是很难获得成功的。当然细心也很重要,在编程的过程中有很多错误都是由于粗心造成的。

通过课程设计,在 C 语言学习方面的收获很大,大大提升了代码的阅读能力,巩固了 C 语言程序设计的相关知识。

第3章 课程设计报告实例2

设计题目:车站车票管理系统

1. 需求分析

车站车票管理信息系统是典型的信息管理系统,其开发的功能主要包括:通过计算机管理客运公司,实现无纸化办公。通过工时计算,统计出各项数据,分析出客运现状和车辆现状,提高办事效率。

通过课程设计的实践环节完成本系统的编程学习,加深对课堂所学基础知识的掌握与理解,提高对所学内容的综合运用能力;通过查阅相关资料,培养自学能力和接受新知识的能力,提高学习兴趣;增强程序设计能力,掌握编程技巧,并可培养实际上机调试程序的能力。"理论与实践"相结合,使自己得到很好的锻炼,为以后学习、工作打下坚实的基础。

2. 功能结构设计

车票管理系统的功能模块有:

(1)提供菜单界面,方便用户对程序的功能进行选择,选择要实现的功能,按回车键进入该功能。

(2)接受用户输入的功能项,按回车键结束输入并将进入该系统,其需要的结果显示出来,方便用户查看。

(3)完成每次功能,可保存用户修改的信息,及时更新文件信息。下次查询时内容为最新信息,实时的信息更新对比等。

(4)一个名为 TICKET 的结构体定义,包括 num[10]、hour[3]、min[3]、from[10]、to[10]、hours、max、now 等结构体成员。然后对调用函数定义。

3. 程序设计

参考程序如下。

```
#include <stdio. h>
#include <string. h>
#include <stdlib. h>
#include <time. h>
#include <conio. h>
#define N 1000
typedef struct TICKET                              /*数据结构定义*/
{
```

```
    char num[10];
    char hour[3];
    char min[3];
    char from[10];
    char to[10];
    float hours;
    int max;
    int now;
}CLASS;
int class_num = 0;
CLASS records[N];
int system_time();
void NewMessage();
void Display();
void add();
void save();
void load();
void search();
void change();
void quit();
void Ticketorder();
void Ticketdelete();
int menu_select();
int whether(int);
void find(char s1[],char s2[]);
void deletemessage();
int findnum(char s1[]);
void get(int,int);
char *menu[] = {"欢迎使用车票查询系统",
"MENU 功能菜单",
"1. 录入班次",
"2. 显示所有班次",
"3. 查询班次",
"4. 增加班次",
"5. 售票",
"6. 退票",
"7. 修改班次",
"8. 删除班次",
"9. 退出"};
```

```c
void main()                    /*主菜单*/
{
    system("cls");
    while(1)
    {
        switch(menu_select())
        {
            case 1:NewMessage();break;
            case 2:Display();break;
            case 3:search();break;
            case 4:add();break;
            case 5:Ticketorder();break;
            case 6:Ticketdelete();break;
            case 7:change();break;
            case 8:deletemessage();break;
            case 9:quit();break;
        }
    }
}
int menu_select()
{
    char s[5];
    int c,i;
    system("cls");
    system("color 09");
    for(i=0;i<11;i++)
    {
        printf("%s\n",menu[i]);
    }
    i=0;
    while(c<0||c>9)
    {
        printf("\n");
        printf("请选择(1~9):");
        scanf("%s",s);
        c=atoi(s);
    }
    return c;
}
```

```c
void NewMessage()                    /*录入班次模块*/
{
    int i=0,j=5,h;
    char s[5];
    FILE *fp;
    system("cls");
    if((fp=fopen("d:车票管理系统 0. dat","rb"))!=NULL)
    {
        printf("车票信息已有,请选择增加功能!\n");
        printf("任意输入则返回菜单\n");
        scanf("%s",s);
        i=1;
    }
    if(i==0)
    {
        system("cls");
        printf("请输入要录入班次总数:\n");
        scanf("%d",&class_num);
        system("cls");
        for(i=0;i<class_num;i++)
        {
            system("cls");
            printf("请输入第%d 个班次信息:\n",i+1);
            h=-1;
            for(;h!=i;)
            {
                printf("请输入班次:\n");
                scanf("%s",records[i]. num);
                for(h=0;h<i;h++)
                    if(strcmp(records[h]. num,records[i]. num)==0)
                    {
                        printf("输入错误! 该班次已存在!\n");
                        break;
                    }
            }
            get(i,j);
            j=5;
        }
        save();
```

```
        }
    }
    void Display()                    /*显示班次模块*/
    {
        int i,j;
        system("cls");
        load();
        for(i=0,j=0;i<class_num;i++,j+=2)
        {
            if(whether(i))
                printf("|%10s|%5s:%-4s|%10s|%10s|%8.1f|%8d|%8d|",
                records[i].num,records[i].hour,records[i].min,records[i].from,
                records[i].to,records[i].hours,records[i].max,records[i].now);
            else
                printf("|%10s|   已发车   |%10s|%10s|%8.1f|%8d|%8d|",
                records[i].num,records[i].from,records[i].to,records[i].hours,
                records[i].max,records[i].now);
        }
    }
    void search()                    /*查询班次模块1*/
    {
        int i;
        char s1[10]={'\0'},s2[10]={'\0'};
        system("cls");
        printf("1. 按班次查询\n");
        printf("2. 按终点站查询\n");
        printf("3. 退出\n");
        printf("请选择(1~3):\n");
        scanf("%d",&i);
        load();
        switch(i)
        {
        case 1:printf("请输入要查询的班次:\n");
               scanf("%s",s1);
               find(s1,s2);
               break;
        case 2:printf("请输入要查询终点站:\n");
               scanf("%s",s2);
               find(s1,s2);
```

```
                     break;
        case 3:break;
        default:printf("输入错误!\n");
                break;
    }
    printf("按任意键继续...\n");
    getch();
}
void find(char s1[],char s2[])          /*查询班次模块 2*/
{
    int i,h=0,m;
    if(s2[0]=='\0')
        m=1;
    else m=0;
    for(i=0;i<class_num;i++)
        if(strcmp(s1,records[i].num)==0||strcmp(s2,records[i].to)==0)
        {
            printf("|%10s|%5s|%-4s|%10s|%10s|%8.1f|%8d|%8d|",
            records[i].num,records[i].hour,records[i].min,records[i].from,
            records[i].to,records[i].hours,records[i].max,records[i].now);
            h+=2;
            if(m==1)
                break;
        }
    if(h==0)
        printf("要查找的班次不存在!\n");
}
void add()                              /*增加班次模块*/
{
    int i,j=5;
    load();
    system("cls");
    printf("1.增加班次\n");
    printf("2.返回\n");
    printf("请选择(1~2)\n");
    scanf("%d",&i);
    if(i==1)
    {
        system("cls");
```

```
        printf("1. 请输入要增加的班次:\n");
        scanf("%s",records[class_num]. num);
        for(i=0;i<class_num;i++)
            if(strcmp(records[class_num]. num,records[i]. num)==0)
            {
                printf("输入错误!\n");
                getch();
                break;
            }
        if(i==class_num)
        {
            get(i,j);
            class_num++;
            save();
        }
    }
}
void Ticketorder()                    /*售票模块*/
{
    int i;
    char num[10];
    system("cls");
    printf("1. 售票\n");
    printf("2. 返回\n");
    printf("请选择(1~2):\n");
    scanf("%d",&i);
    if(i==1)
    {
        load();
        search();
        printf("请输入要订票的班次(若无请输入 0):\n");
        scanf("%s",num);
        for(i=0;i<class_num;i++)
            if(strcmp(num,records[i]. num)==0)
                if(records[i]. max>records[i]. now&&whether(i)==1)
                {
                    records[i]. now++;
                    printf("通向%s 班次为%s 的票订票成功!\n",records[i]. to,
                    records[i]. num);
```

```
                        save();
                        getch();
                        break;
                }
                else
                {
                        printf("该班次已满或已发出!\n");
                        getch();
                }
        }
}
void Ticketdelete()                     /*退票模块*/
{
        int i;
        char num[10];
        system("cls");
        printf("1. 退票\n");
        printf("2. 返回\n");
        printf("请选择(1~2)\n:");
        scanf("%d",&i);
        if(i==1)
        {
                system("cls");
                load();
                printf("请输入要退票的班次:\n");
                scanf("%s",num);
                i=findnum(num);
                if(strcmp(num,records[i]. num)==0)
                        if(whether(i))
                        {
                                printf("确定(Y/N)?");
                                scanf("%s",num);
                                if(num[0]=='y'||num[0]=='Y')
                                {
                                        records[i]. now--;
                                        printf("退票成功!\n");
                                        save();
                                        getch();
                                }
```

```
        }
        else
        {
            printf("该班车已发出,无法退票!\n");
            getch();
        }
    if(i = = class_num)
    {   printf("输入错误! \n");
        getch();
    }
    }
}
void change()                       /*修改班次模块*/
{
    char num[10],s[10];
    int h = 0,j = 13,i;
    load();
    system("cls");
    printf("请输入要修改的班次:\n");
    scanf("%s",num);
    i = findnum(num);
    if(i = = class_num)
    {
        printf("输入错误,无此班次!\n");
        getch();
    }
    else
    {
        printf("确定修改(Y/N)?\n");
        scanf("%s",s);
        if(s[0] = = 'y'||s[0] = = 'Y')
        {
            get(i,j);
            save();
        }
    }
}
void deletemessage()                /*删除班次模块*/
{
```

```
    int i,h = 0;
    char num[10];
    system("cls");
    printf("1. 删除班次\n");
    printf("2. 返回\n");
    printf("请选择(1~2):\n");
    scanf("%d",&i);
    if(i == 1)
    {
        system("cls");
        printf("请输入要删除的班次:\n");
        scanf("%s",num);
        i = findnum(num);
        if(i == class_num)
        {
            printf("输入错误,无此班次!\n");
            getch();
        }
        else
        {
            printf("确定? (y/n)\n");
            scanf("%s",num);
            if(num[0] == 'y'||num[0] == 'Y')
            {
                for(;i<class_num - 1;i + +)
                    records[i] = records[i + 1];
                class_num - - ;
                save();
                printf("删除成功!\n");
                getch();
            }
        }
    }
}
int findnum(char s1[])                  /*查找*/
{
    int i,h = 0;
    for(i = 0;i<class_num;i + +)
    {
```

```
        if(strcmp(s1,records[i]. num) = = 0)
        {
            printf("|%10s|%5s:%-4s|%10s|%10s|%8. 1f|%8d|%8d|",
            records[i]. num,records[i]. hour,records[i]. min,records[i]. from,
            records[i]. to,records[i]. hours,records[i]. max,records[i]. now);
            h+ =2;
            break;
        }
    }
    return i;
}
void save()                    /*存入文件*/
{
    FILE *fp1，*fp2;
    if((fp1 = fopen("d:车票管理系统 . dat","wb")) = = NULL)
    {
        printf("文件打开错误!\n");
        exit(0);
    }
    if((fp2 = fopen("d:车票管理系统 0. dat","wb")) = = NULL)
    {
        printf("文件打开错误!\n");
        exit(0);
    }
    fwrite(&class_num,sizeof(int),1,fp2);
    fwrite(records,sizeof(CLASS),class_num,fp1);
    fclose(fp1);fclose(fp2);
}
void load()                    /*文件读取*/
{
    FILE *fp1，*fp2;
    if((fp1 = fopen("d:车票管理系统 . dat","rb")) = = NULL)
    {
        system("cls");
        printf("文件打开错误!\n");
        getch();
        exit(0);
    }
    if((fp2 = fopen("d:车票管理系统 0. dat","rb")) = = NULL)
```

```
    {
        system("cls");
        printf("文件打开错误!\n");
        getch();
        exit(0);
    }
    fread(&class_num,sizeof(int),1,fp2);
    fread(records,sizeof(CLASS),class_num,fp1);
    fclose(fp1);fclose(fp2);
}
void quit()                              /*系统退出*/
{
    char s[5];
    printf("确认退出？（Y/N)\n");
    scanf("%s",s);
    if(s[0]=='y'||s[0]=='Y')
        exit(0);
}
void get(int i,int j)
{
    for(;;)
    {
        printf("请输入发车时间(xx xx)");
        scanf("%s%s",records[i]. hour,records[i]. min);
        if((atoi(records[i]. hour)<24 && atoi(records[i]. hour)>=0) &&
        (atoi(records[i]. min)<60 && atoi(records[i]. min)>=0))
            break;
        else
        {
            printf("输入错误!\n");
            getch();
        }
    }
    printf("请输入起点站:\n");
    scanf("%s",records[i]. from);
    printf("请输入终点站:\n");
    scanf("%s",records[i]. to);
    printf("请输入行车时间:\n");
    scanf("%f",&records[i]. hours);
```

```
        printf("请输入额定载量:\n");
        scanf("%d",&records[i]. max);
        for(;;)
        {
            printf("请输入已售票数:\n");
            scanf("%d",&records[i]. now);
            if(records[i]. now< = records[i]. max)
                break;
            else
            {
                printf("输入错误!\n");
                getch();
            }
        }
    }
int whether(int i)
{
    struct tm *local;
    time_t t;    //把当前时间赋给 t
    t = time(NULL);
    local = localtime(&t);
    if(local ->tm_hour<atoi(records[i]. hour)||local ->tm_hour = =
    atoi(records[i]. hour)&&local ->tm_min<atoi(records[i]. min))
        return 1;
    else
        return 0;
}
```

4. 程序测试

进入菜单界面后,按 1～9 回车选择相应功能进行测试操作,运行界面如图 3-2 所示。若选择非 1～9 数字,系统将提出警告,并提醒用户重新进行选择。

选择 1,实现录入班次信息功能。程序提醒用户输入车次、发车时间、起始站、终点站、行车时间、额定载量、已售票数等信息。输入完毕后将保存所录入的信息,同时询问用户是否继续录入。

选择 2,实现显示所有班次信息。

选择 3,实现按班次或终点站两种方式查询班次信息。

选择 4,实现增加班次的功能。

选择 5,实现车票售卖功能。输入车票后提示是否可卖,购票是否成功等信息。

选择 6,实现退票功能。输入车票后提示是否可退,退票是否成功等信息。

选择 7,实现修改班次功能。

选择 8,实现删除班次功能。

选择 9,退出系统。

欢迎使用车票查询系统

MENU 功能菜单

1. 录入班次

2. 显示所有班次

3. 查询班次

4. 增加班次

5. 售票

6. 退票

7. 修改班次

8. 删除班次

9. 退出

请选择(1~9):

图 3-2　系统运行界面

5. 小结

通过为期 2 周的课程设计,基本完成了要求的各项工作任务。

在此次系统开发过程中,有很多东西值得去思考并总结。通过这次课程设计,更加熟悉的掌握了 C 语言的运用,熟悉了更多 C 语言的功能,提高了动手能力,学到了许多解决实际问题的宝贵经验。同时也挖掘出了潜在的能力,对自己更加自信,对编程也更有兴趣,感到了编程的快乐。同时,经过这次与 C 语言编程中错误的斗争,也使我相信,只要努力、勤奋、坚持不懈,就没有什么做不到的事,再大的困难也能被克服,不能还没开始就退缩,要勇于拼搏,敢于创新。

附录 1 C 语言常用语法提要

出于易读目的，附录 1 用自然语言给出常用 C 语言语法。附录 1 中给出的是非完整的 C 语言语法，最新的标准 C 语言 C11 的语法可参见 ISO/IEC 9899：2011。

一、记号

记号（Token，又常称单词）是程序设计语言中具有意义的最小语法单位，C 语言记号包括关键字、标识符、常量、字符串文本、运算符、标点符号等几类。

1. 标识符和关键字

从形式看，标识符和关键字都是字母或下划线开头的，由字母、数字和下划线组成的字符序列。标识符和关键字的区别在于关键字是 C 语言保留具有固定意义和用途的字符串，而标识符是用作标识某个名字，如变量、常量、数据类型或函数的名字的字符串。

C 语言关键字有：auto，break，case，char，const，continue，default，do，double，else，enum，extern，float，for，goto，if，int，long，register，return，short，signed，sizeof，static，struct，switch，typedef，union，unsigned，void，volatile，while 等。

C 语言中关键字不能用作标识符，如不能把 switch 声明为一个变量或函数，C 语言区分大小写，如 Switch 可用作变量名或函数名。

2. 常量

C 语言常量是指 C 语言中用来表示数值的字符串，分为浮点常量、整型常量、枚举常量和字符常量几种。

（1）浮点常量

浮点常量有小数形式和指数形式两种，前者如 12.34，后者如 12e-3，其指数形式所表示的常量值为 $12 * 10^{-3}$，即 0.012。浮点常量默认存储方式是 double 型，浮点常量可加后缀 f 或 F 表示 float 类型，如 12.34f；或加后缀 l 或 L，如 12.34L，表示常量存储方式为 long double 型。

（2）整型常量

整型常量有 10 进制、8 进制、16 进制几种，8 进制常数以 0 开头，16 进制常数以 0x 或 0X 开头，如 1239（为 10 进制），0123（为 8 进制，相应的 10 进制值为 83），0x12ff（为 16 进制，相应的 10 进制值为 4863），整型常量也可带后缀 l/L，或无符号后缀 u/U。

（3）枚举常量

枚举常量用标识符表示，仅仅出现在枚举定义中，如 enum {FAIL＝0，SUCCESS}中出现的 FAIL、SUCCESS 就是两个枚举常量，其值分别为 0 和 1。

（4）字符常量

字符常量一般为单引号 ' 括起来的除单引号、反斜杠外的其他字符，如 'A'，字符常量还可用单引号括起来的转义序列(序列的第一个字符\称作转义符)表示,如使用简单转义序列 '\n' 表示的是换行符,而用十六进制转义序列 '\x41' 表示的是 ASCII 码值为 41H 的字符,即 'A'。

3. 字符串文本

字符串文本为由双引号 ″ 括起来的字符序列,其中可以出现转义序列,如"hello\nworld!"。

4. 运算符

运算符是表达式的重要组成部分,关于运算符和表达式的进一步说明见《C 语言程序设计基础》教材附录Ⅰ中的第 2 节。

5. 标点符号

标点符号用于分隔不同的语法成分,C 语言的标点符号包括方括号〔 〕、圆括号( )、花括号{ }、∗、逗号、冒号、等号、分号、省略号和♯,其中有些记号既是标点符号,也是运算符,如在表达式语句"a＝1;"中的＝是运算符,而在声明中 int i＝1 中的＝为标点符号,用于分隔变量和它的初始化式。

二、表达式

表达式是 C 语言中最基本的计算成分,它由运算量(亦称操作数,即数据引用或函数调用)和运算符连接而成。形式最简单的运算量包括变量、常量、字符串文本或函数调用,它们也是形式最简单的表达式,如常量 3、变量 i、函数 a()等,一个表达式可以作为运算量参与组成更复杂的表达式,如 3＋i,b＝3＋i∗a()等。

运算符根据其表达的运算中涉及的运算量数量不同,可分为一元运算符、二元运算符和三元运算符等,典型一元运算符有正(＋)、负(－)和间接寻址(∗)运算符等,二元运算符有加(＋)、减(－)、乘(∗)、除(/)运算符等,三元运算符有条件(?:)运算符。在表达式中,运算符出现在运算量之前的称为前缀表达式,出现在运算量之后的为后缀表达式,如表达式＋＋i 就是一个前缀表达式,而 i＋＋就是一个后缀表达式,形式相同的运算符在作为前缀或后缀出现时具有不同的性质,因此一般把它们视作不同的运算符。

运算符还有两大特性:优先级和结合性。优先级反映不同类型的运算符所表达的运算在表达式中执行的先后顺序,例如对 2＋3∗4 中出现的运算符＋和∗,规定∗的优先级高于＋的优先级,先执行乘法运算,再执行加法运算。结合性反映同优先级别运算符所代表的运算的执行先后顺序。C 语言中规定了两种结合方向:一种是"左结合性",即按从左到右的方向进行运算;另一种是"右结合性",即按从右到左的方向进行运算。

C 语言运算符的说明见附表 1-1。

附表 1-1　运算符

优先级	名称	符号	结合性	例子
1	数组下标	〔 〕	左结合	a〔1〕＝1;
1	函数调用	( )	左结合	i＝Add(1,2);
1	结构和联合的成员	. 和－＞	左结合	Student. age＝1; Student－＞age＝1;
1	自增(后缀)	＋＋	左结合	i＋＋;
1	自减(后缀)	－－	左结合	i－－;

续表

优先级	名称	符号	结合性	例子
2	自增（前缀）	++	右结合	++i;
2	自减（前缀）	−−	右结合	−−i;
2	取地址	&	右结合	p=&i;
2	间接寻址	*	右结合	*p=1;
2	一元正号	+	右结合	i=+10;
2	一元负号	−	右结合	i=−10;
2	按位求反	~	右结合	i=~i;
2	逻辑非	!	右结合	if(!End)i++;
2	计算内存长度	sizeof	右结合	len=sizeof(StrA);
3	强制类型转换	（ ）	右结合	int=0;float f; f=(float)i;
4	乘除法类	* 和/和%	左结合	i=1*2;
5	加减法类的	＋和−	左结合	i=1+2;
6	按位移位	<<和>>	左结合	i=i<<1;
7	关系	< > <= >=	左结合	if(a>b)i++;
8	判等	==和!=	左结合	if(a==b)i++;
9	按位与	&	左结合	input_0=i&0x01;
10	按位异或	∧	左结合	j=i∧0xffff;
11	按位或	|	左结合	light_0=i|0x01
12	逻辑与	&&	左结合	if(a>b && j==1)i++;
13	逻辑或	||	左结合	if(a>b || j==1)i++;
14	条件	?:	右结合	i==0?j++:j−−;
15	单赋值	=	右结合	i = 10*21;
16	复合赋值	*=和/=和% =和＋=和− =和<<=和 >>=和 &= 和∧=和|=	右结合	i+=j=1;
17	逗号	,	左结合	i+1,j=0;

三、声明

声明的目的是为了说明标识符表示名字的含义,C 语言规定一个名字必须先声明再使用。C 语言声明包括结构类型声明、联合类型声明、枚举类型声明、自定义类型声明、变量声明和函数声明几类。

1. 结构、联合、枚举类型声明

（1）结构类型声明

结构类型声明的形式为：

> struct 标识符 {结构声明列表};

下面例子定义了一个名字为 card 的结构类型。

> struct card{
>> char name[NAMELENGTH+1];
>> char address[ADDRESSLENGTH+1];
>
> };

结构类型声明中的标识符称为结构标记，用于标识特定结构类型的名字，它只有和前置 struct 在一起才有意义，如"struct card card1;"正确声明了一个类型为 card 的结构变量 card1，而"card card1;"是一条错误的变量声明语句。

结构声明列表是一个由分号（;）分隔的结构成员，即字段（field）的声明序列，字段声明与变量声明（见《C 语言程序设计基础》教材附录Ⅰ表 3）类似，不同之处在于：①不允许字段声明中出现存储类别说明符，如 auto；②允许声明位字段（bit field），用"：常量"说明位字段的位宽，如 struct a{int b:8;}，说明其中位域 b 所占用内存的位宽度为 8bit。

（2）联合类型声明

联合类型声明形式为：

> union 标识符 {结构声明列表};

除了使用了 union 关键字之外，其他部分与结构体类型定义形式相同。

（3）枚举类型声明

枚举类型声明的形式为：

> enum 标识符 {枚举常量列表};

其中标识符作为标记的用途和用法与结构标记类似，枚举常量列表是一个由逗号（,）分隔的标识符序列，每个标识符代表一个枚举常量名，如：

> enum traffic_light {RED,GREEN,YELLOW};

2. 自定义类型声明

C 语言支持用户自定义类型，通过 typedef 将某个标识符说明为某个特定类型的名字。用户自定义类型声明的常用形式为：

> typedef 类型限定符的列表 类型说明符前置 * 标识符；

一个类型声明的例子如：

> typedef const int * MyType；

类型声明中，标识符是要定义的用户自定义类型名，可前置带 0 到多个 * ，表示指针名。

类型限定符列表是由 0～2 个类型限定符构成的串，类型限定符串有 const，volatile 等。const 用于限定不变变量，即在程序中不能显式修改被 const 限定的变量的值；volatile 用于说明变量值是随时可能变化的，这使得编译器不对与 volatile 限定变量有关的运算进行优化。

类型说明符列表是一个由若干类型说明符组成的串，类型说明符有三类：第一类包括 void，char，short，int，long，unsigned，signed，float，double 等；第二类包括结构、联合、枚举类型说明符,这类说明符可以是直接引用结构、联合、枚举类型名,或采用与结构、联合、枚举类型声明相似的形式(不带分号,可以不带标记);第三类是用户已定义的类型。

类型限定符和类型说明符的组合顺序没有严格规定,不过一般将类型限定符放在类型说明符前面。

3. 变量声明

C 语言变量声明的常用形式如下:

存储类别说明符　类型限定符列表　类型说明符　变量声明符列表;

一个变量声明的例子如:extern long int i;

在 C 语言变量声明中,存储类别说明符为可选项,用来说明变量的存储方式,存储类别说明符有 auto,static,extern,register 等几种。

类型限定符、类型说明符列表的使用和说明与《C 语言程序设计基础》教材附录 I 中的3.2 小节的类型声明相同。

变量声明符列表是一个由逗号(,)分隔的变量声明符序列。常见变量声明符有四类形式:

(1) 标识符,标识符为简单变量名;

(2) 标识符[常量表达式],标识符为数组名;

(3) 1 到多个 *　标识符,标识符为指针名;

(4) (* 标识符)(形式参数列表),标识符为函数指针名。

此外,变量声明符可以后跟初始化式,其形式为:变量声明符=初始化式,初始化式为一个表达式,用于指定变量的初始化值,如:

int i=3,*p=&i,a[3]={1,2,3};

4. 函数声明

函数声明一般形式为:

返回类型 标识符(形式参数列表);

函数声明的例子,如:

float sum(float a,float b);

其中,返回类型由存储类别说明符(可选)、类型限定符(可选)、类型说明符和若干 * 连接而成的序列说明,存储类别只能为 extern 或 static。

标识符表示函数名,函数的形式参数列表是一个由逗号(,)分隔的形式参数声明序列,序列长度可为 0,形式参数声明的形式与《C 语言程序设计基础》教材附录 I 中的 3.3 小节的变量声明基本类似,其中变量名可以省略,如:

float sum(float,float);

四、语句

C 语言语句有 6 类,分别为标号语句、复合语句、表达式语句、选择语句、循环语句、跳转语句。

(1) 标号语句

标号语句的形式有三种:

① 标识符:语句

　　② case 常量表达式：语句

　　③ default：语句

　　其中,第 1 种主要是用于 goto 语句转义的目标地址,后两种格式的标号语句只允许出现在 switch 语句中。

　　(2) 复合语句

　　复合语句的形式为：

　　　　{声明序列 语句序列 }

　　如：{ int i;i=0;}

　　(3) 表达式语句

　　表达式语句的形式为：

　　　　表达式；

　　如：i++；

　　表达式语句的表达式可为空,对应语句为空语句。

　　(4) 选择语句

　　选择语句分为 if 语句、if-else 语句和 switch-case 语句三种。

　　if 语句的形式为：

　　　　if(表达式)语句

　　if-else 语句的形式为：

　　　　if(表达式)语句 1　　else 语句 2

　　switch 语句的形式为：

　　　　switch(表达式)　　case 语句序列

　　(5) 循环语句

　　循环语句包括 while 语句、do-while 语句和 for 语句三种。

　　while 语句的形式为：

　　　　while(表达式)语句

　　do-while 语句的形式为：

　　　　do 语句 while(表达式)；

　　for 语句的形式为：

　　　　for(表达式 1;表达式 2;表达式 3)语句

　　for 语句中的三个表达式都是可选项,但是分隔的两个分号不能省略。

　　(6) 跳转语句

　　跳转语句有以下几类形式：①"goto 标识符;",②"continue;",③"break;",④"return 表达式;",表达式为可选项。其中,"continue;"一般出现在循环语句中,结束本次循环,控制转回循环开始处,"break;"一般出现在循环或 switch 语句中,用于跳出循环或 switch 语句,控制转至循环或 switch 语句之后。

五、函数定义

　　函数是 C 语言程序的基本构成单元,一个 C 语言程序实际就是一个 C 语言函数的集合,其中有且只能有一个主函数 main。C 语言规定函数不能嵌套定义,允许递归调用。

　　函数定义与函数声明不同,函数定义包含函数头和函数体两部分,前者基本是一个函数声明并以分号结束,后者为函数实现部分,由复合语句构成。

　　C 语言函数定义的常用形式为:

　　　　　返回类型 标识符(形式参数列表) 复合语句

　　其中,标识符为函数名。函数定义的例子,如:

　　　　void get_value(int x,int y) /*函数声明,函数头*/

　　　　{ … } /*复合语句,函数体*/

　　在经典 C 语言风格的函数定义中,形式参数可以仅给出参数名,在复合语句之前包含一个声明序列,用于说明形式参数的类型,例如:

　　　　void get_value(x,y)

　　　　int x,y;

　　　　{ … }

六、预处理

　　C 语言提供编译预处理功能,C 语言预处理器在对程序编译前先根据程序中的预处理指令编辑程序。C 语言的预处理指令大致包含宏定义、文件包含和条件编译这么三类。

　　(1) 宏定义

　　宏定义指令包含 #define 和 #undef 两条指令,前者用于定义宏,后者用于取消宏定义。简单宏定义不带参数,形式为:

　　　　#define　标识符　替换串

　　例如,将宏 MAX 定义为 100:#define MAX 100。C 语言预处理器在预处理时将会将程序中出现的所有 MAX 替换为 100。复杂一点的宏定义可以带参数,其形式为:

　　　　#define 标识符(标识符列表) 替换列表

　　必须注意标识符和"("间不能有空格,例如:#define MIN(x,y)((x)<(y)?(x):(y)),这样程序中如出现的 MIN(i,j+1)将会在预处理时被替换为((i)<(j+1)?(i):(j+1))。

　　(2) 文件包含

　　文件包含指令为 #include,C 语言预处理器在预处理时将 #include 指令指定的文件内容添加到程序文件中。文件包含的形式有两种:

　　① #include <文件名>

　　② #include "文件名"

　　前者引起 C 语言预处理器在系统规定的标准路径上(可通过编译器环境变量设置)查找文件,适用于库文件的包含;后者引起 C 语言预处理器在当前目录中查找文件,如果找不到,则继续按系统规定的标准路径查找文件,适用于用户自定义文件的包含。

　　(3) 条件编译

　　条件编译是指根据预处理器所执行测试的结果来将程序的片段加入或排除需编译的内容。条件指令类指令包括 #if、#ifdef 和 #ifndef 等。

　　#if 指令格式为:

　　　　#if 标示符或常量表达式

　　它的常用使用方式如下例所示,程序中有:

```
# if DEBUG
    printf("这是调试版本!");
# else
    printf("这是运行版本!");
# endif
```

若在此段程序前通过宏定义 # define DEBUG，则预处理器将"printf（"这是调试版本!"）;"保留在程序中,否则预处理器将"printf("这是运行版本!");"保留在程序中。

附录 2 C 语言常用库函数

一、数学函数

包含文件：#include ＜math. h＞

附表 2-1 数学函数

函数原型	函数功能和使用说明
int abs(int i)	求整数的绝对值
double fabs(double x)	返回浮点数的绝对值
double floor(double x)	向下舍入
double fmod(double x,double y)	计算 x 对 y 的模，即 x/y 的余数
double exp(double x)	指数函数
double log(double x)	对数函数 ln(x)
double log10(double x)	对数函数 log
long labs(long n)	取长整型绝对值
double modf(double value,double *iptr)	把数分为指数和尾数
double pow(double x,double y)	指数函数(x 的 y 次方)
double sqrt(double x)	计算平方根
double sin(double x)	正弦函数
double asin(double x)	反正弦函数
double sinh(double x)	双曲正弦函数
double cos(double x)	余弦函数
double acos(double x)	反余弦函数
double cosh(double x)	双曲余弦函数
double tan(double x)	正切函数
double atan(double x)	反正切函数
double tanh(double x)	双曲正切函数

二、字符串函数

包含文件：#include ＜string. h＞

附表 2-2　字符串函数

函数原型	函数功能和使用说明
char *strcat(char *dest,const char *src)	将字符串 src 添加到 dest 末尾
char *strchr(const char *s,int c)	检索并返回字符 c 在字符串 s 中第一次出现的位置
int strcmp(const char *s1,const char *s2)	比较字符串 s1 与 s2 的大小,并返回 s1-s2
char *stpcpy(char *dest,const char *src)	将字符串 src 复制到 dest
char *strdup(const char *s)	将字符串 s 复制到最近建立的单元
int strlen(const char *s)	返回字符串 s 的长度
char *strlwr(char *s)	将字符串 s 中的大写字母全部转换成小写字母,并返回转换后的字符串
char *strrev(char *s)	将字符串 s 中的字符全部颠倒顺序重新排列,并返回排列后的字符串
char *strset(char *s,int ch)	将一个字符串 s 中的所有字符设置为 ch 的值
char *strspn(const char *s1,const char *s2)	扫描字符串 s1,并返回在 s1 和 s2 中均有的字符个数
char *strstr(const char *s1,const char *s2)	扫描字符串 s2,并返回第一次出现 s1 的位置
char *strtok(char *s1,const char *s2)	检索字符串 s1,该字符串 s1 是由字符串 s2 中定义的定界符所分隔
char *strupr(char *s)	将字符串 s 中的小写字母全部转换成大写字母,并返回转换后的字符串

三、字符函数

包含文件：#include <ctype. h>

附表 2-3　字符函数

函数原型	函数功能和使用说明
int isalpha(int ch)	若 ch 是字母('A'-'Z','a'-'z')返回非 0 值,否则返回 0
int isalnum(int ch)	若 ch 是字母('A'-'Z','a'-'z')或数字('0'—'9')返回非 0 值,否则返回 0
int isascii(int ch)	若 ch 是字符(ASCII 码中的 0~127)返回非 0 值,否则返回 0
int iscntrl(int ch)	若 ch 是作废字符(0x7F)或普通控制字符(0x00-0x1F)返回非 0 值,否则返回 0
int isdigit(int ch)	若 ch 是数字('0'-'9')返回非 0 值,否则返回 0
int isgraph(int ch)	若 ch 是可打印字符(不含空格)(0x21-0x7E)返回非 0 值,否则返回 0
int islower(int ch)	若 ch 是小写字母('a'-'z')返回非 0 值,否则返回 0
int isprint(int ch)	若 ch 是可打印字符(含空格)(0x20-0x7E)返回非 0 值,否则返回 0
int ispunct(int ch)	若 ch 是标点字符(0x00-0x1F)返回非 0 值,否则返回 0
int isspace(int ch)	若 ch 是空格(' '),水平制表符('\t'),回车符('\r'),走纸换行('\f'),垂直制表符('\v'),换行符('\n'),返回非 0 值,否则返回 0

续表

函数原型	函数功能和使用说明
int isupper(int ch)	若 ch 是大写字母('A'-'Z')返回非 0 值,否则返回 0
int isxdigit(int ch)	若 ch 是 16 进制数('0'-'9','A'-'F','a'-'f')返回非 0 值,否则返回 0
int tolower(int ch)	若 ch 是大写字母('A'-'Z')返回相应的小写字母('a'-'z')
int toupper(int ch)	若 ch 是小写字母('a'-'z')返回相应的大写字母('A'-'Z')

四、输入输出函数

包含文件：#include <stdio. h>

附表 2-4　输入输出函数

函数原型	函数功能和使用说明
int getch()	从控制台(键盘)读一个字符,不显示在屏幕上
int putch()	向控制台(键盘)写一个字符
int getchar()	从控制台(键盘)读一个字符,显示在屏幕上
int putchar()	向控制台(键盘)写一个字符
int getc(FILE *stream)	从流 stream 中读一个字符,并返回这个字符
int putc(int ch,FILE *stream)	向流 stream 写入一个字符 ch
int getw(FILE *stream)	从流 stream 读入一个整数,错误返回 EOF
int putw(int w,FILE *stream)	向流 stream 写入一个整数
FILE *fclose(handle)	关闭 handle 所表示的文件处理
int fgetc(FILE *stream)	从流 stream 处读一个字符,并返回这个字符
int fputc(int ch,FILE *stream)	将字符 ch 写入流 stream 中
char *fgets(char *string,int n,FILE *stream)	从流 stream 中读 n 个字符存入 string 中
FILE *fopen(char *filename,char *type)	打开一个文件 filename,打开方式为 type,并返回这个文件指针,type 可为以下字符串加上后缀
int fputs(char *string,FILE *stream)	将字符串 string 写入流 stream 中
int fread (void * ptr, int size, int nitems, FILE *stream)	从流 stream 中读入 nitems 个长度为 size 的字符串存入 ptr 中
int fwrite (void * ptr, int size, int nitems, FILE *stream)	向流 stream 中写入 nitems 个长度为 size 的字符串,字符串在 ptr 中
int fscanf (FILE * stream, char * format[,argument,…])	以格式化形式从流 stream 中读入一个字符串
int fprintf (FILE * stream, char * format[,argument,…])	以格式化形式将一个字符串写给指定的流 stream
int scanf(char *format[,argument…])	从控制台读入一个字符串,分别对各个参数进行赋值,使用 BIOS 进行输出
int printf(char *format[,argument,…])	发送格式化字符串输出给控制台(显示器),使用 BIOS 进行输出

五、标准库函数

包含文件：#include <stdlib. h>

附表 2-5　输入输出函数

函数原型	函数功能和使用说明
atof()	将字符串转换为 double(双精度浮点数)
atoi()	将字符串转换成 int(整数)
atol()	将字符串转换成 long(长整型)
strtod()	将字符串转换为 double(双精度浮点数)
strtol()	将字符串转换成 long(长整型数)
strtoul()	将字符串转换成 unsigned long(无符号长整型数)
calloc()	分配内存空间并初始化
free()	释放动态分配的内存空间
malloc()	动态分配内存空间
realloc()	重新分配内存空间

附录 3　实验报告模板

完整的 C 语言程序设计实验报告包括实验题目、实验目的、实验内容和总结等项目,可以参照以下模板撰写。

××学院(大学)实验报告纸

_____(系/学院)_____专业_____班_____组_____课
学号_____姓名_____实验日期_____教师评定_____

实验 1　函数

一、实验目的

1. 掌握函数的定义方法、调用方法、参数说明以及返回值;
2. 掌握实参与形参的对应关系,以及参数之间"值传递"的方式;
3. 掌握函数的嵌套调用及递归调用的设计方法;
4. 在编程过程中加深理解函数调用的程序设计思想。

二、实验内容

1. 编写一个函数 primeNum(int x),功能是判别一个数是否为素数。要求:

(1) 在主函数中输入一个整数 x(直接赋值或从键盘输入)。

(2) 函数类型为空值(void),调用 primeNum()函数后,在函数中输出 x 是否为素数的信息,输出格式为"x is a prime number"或"x is not a prime number"。

(3) 分别输入数据:0,1,2,5,9,13,59,121,并运行程序,检查结果是否正确。

2. 编写函数 mulNum(int a,int b),它的功能是用来确定 a 和 b 是否是整数倍的关系。如果 a 是 b 的整数倍,则函数返回值为 1,否则函数返回值为 0。要求:

(1) 在主函数中,从键盘输入一对整型数据 a 和 b。

(2) 调用函数后,根据返回值对 a 和 b 的关系进行说明。例如,在主函数中输入:10,5,则输出"10 is a multiple of 5"。

(3) 分别输入几组数据进行函数的正确性测试:1 与 5,5 与 5,6 与 2,6 与 4,20 与 4,37 与 9。

三、算法描述流程图

1. primeNum(int x)(判别一个数是否为素数)函数流程图。

(1) 判断素数主函数流程图。

（2）判断素数函数流程图。

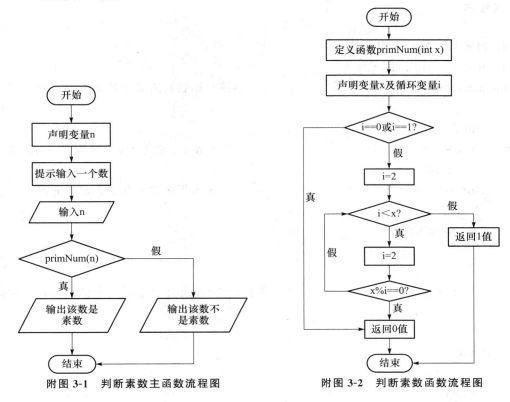

附图 3-1　判断素数主函数流程图　　　　附图 3-2　判断素数函数流程图

2. mulNum(int a,int b)（确定 a 和 b 是否为整数倍的关系）函数流程图。

（1）判断倍数主函数流程图。

（2）判断倍数函数流程图。

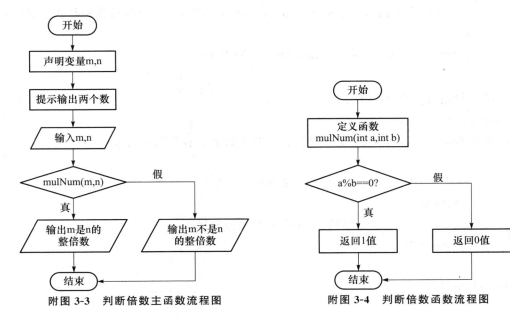

附图 3-3　判断倍数主函数流程图　　　　附图 3-4　判断倍数函数流程图

四、源程序

1. 判断某个数是否为素数。

```c
#include <stdio.h>
int primNum(int x)                      /*编写函数判断某个数是否为素数*/
{
    int i;
    if(x==0||x==1)                      /*当 x 等于 1 或等于 0 时判断是否为素数*/
        return 0;
    for(i=2;i<x;i++)                    /*当 x 大于 2 时判断不为素数的数*/
    {
        if(x%i==0)
            return 0;
    }
    if(x%i)                 /*当 x 等于 2 或不满足上述条件时判断出该数是素数*/
        return 1;
}
void main()
{
    int n;
    printf("Please input an integer：");   /*提示从键盘输入一个数 x */
    scanf("%d",&n);
    if(primNum(n)==1)                   /*调用定义的函数*/
        printf("%d is a prime number\n",n);/*由函数得出结论判断是否为素数*/
    else
        printf("%d is not a prime number\n",n);
}
```

2. 两个数是否为整数倍关系。

```c
#include <stdio.h>
int mulNum(int a,int b)/*定义函数确定两个数是否有整数倍关系*/
{
    if(a%b==0)          /*判断出 a 是 b 的整数倍*/
        return 1;
    else                /*判断出 a 不是 b 的整数倍*/
        return 0;
}
void main()
{
```

```
    int m,n;
    printf("please input tow integers:\n");        /*提示从键盘输入两个数*/
    scanf("%d%d",&m,&n);                            /*从键盘输入两个数的值*/
    if(mulNum(m,n)==1)                              /*调用定义的函数并判断输出相应的结果*/
        printf("%d is a multiple of %d\n",m,n);
    else
        printf("%d is not a multiple of %d\n",m,n);
}
```

五、测试数据

1. 实验内容 1 测试数据为 0,1,2,5,9,13,59,121,运行结果。

当测试数据 0 时:

```
please input an integer:0
0 is not a prime number
Press any key to continue
```

当测试数据 1 时:

```
please input an integer:1
1 is not a prime number
Press any key to continue
```

当测试数据 2 时:

```
please input an integer:2
2 is a prime number
Press any key to continue
```

当测试数据 5 时:

```
please input an integer:5
5 is a prime number
Press any key to continue
```

当测试数据 9 时:

```
please input an integer:9
9 is not a prime number
Press any key to continue
```

当测试数据 13 时:

```
please input an integer:13
13 is a prime number
Press any key to continue
```

当测试数据 59 时：

```
please input an integer:59
59 is a prime number
Press any key to continue
```

当测试数据 121 时

```
please input an integer:121
121 is not a prime number
Press any key to continue
```

2. 实验内容 2 测试数据 1 与 5,5 与 5,6 与 2,6 与 4,20 与 4,37 与 9,运行结果。

当测试 1 与 5 时

```
please input two integer：
1   5
1 is not a multiple of 5
Press any key to continue
```

当测试 5 与 5 时

```
please input two integer：
5   5
5 is a multiple of 5
Press any key to continue
```

当测试 6 与 2 时

```
please input two integer：
6   2
6 is a multiple of 2
Press any key to continue
```

当测试 6 与 4 时

```
please input two integer：
6   4
6 is not a multiple of 4
Press any key to continue
```

当测试 20 与 4 时

```
please input two integer：
20   4
20 is a multiple of 4
Press any key to continue
```

当测试 37 与 9 时

```
please input two integer：
37　9
37 is not a multiple of 9
Press any key to continue
```

六、出现问题及解决方法

1. 在判断某个数是否为素数的实验中,使用循环遍历判断 x 是否为素数的时候循环体的内容错误地编写为:

```
for(i=2;i<x;i++)
｛
    if(x%i==0)
        return 0;
    else
        return 1;
｝
```

导致程序不能正确地按照设想的结果运行,在判断循环体的执行过程后将程序正确地改为:

```
for(i=2;i<x;i++)
｛
    if(x%i==0)
        return 0;
｝
```

2. 在判断确定两个数是否为整数倍关系的实验中,定义两个形参时错误地编写成了(int a,b),经检查后改为正确格式(int a,int b)。

3. 此外,在编写程序的时候,标点符号上还有一些细节上的疏漏,如:标点没有在英文的状态下使用,还有一条语句结束后遗漏了分号";"。

七、实验心得

本次实验,掌握了一些具体函数的定义和调用方法,函数形参以及返回值的使用。在操作的过程中深刻地体会到函数调用的便捷。通过对循环和条件选择的使用,亲自感受并实践了程序设计的思想,同时对 C 语言程序设计有了总体的认识。此外,编写程序的严谨思想也令我深深地感受一丝不苟地工作的重要性。

参 考 文 献

[1]　石玉强.C语言程序设计基础.北京:中国农业出版社,2013.

[2]　谭浩强.C程序设计.4版.北京:清华大学出版社,2010.

[3]　吴文虎,徐明星.程序设计基础.3版.北京:清华大学出版社,2010.

[4]　(美)Brian W. Kernighan,Dennis M. Richie.C程序设计语言.2版.徐宝文,李志,译.北京:机械工业出版社,2010.

[5]　李向阳,方娇莉.C语言程序设计(基于CDIO思想).北京:清华大学出版社,2012.

[6]　(美)E. Balagurusamy.标准C程序设计.5版.金名,译.北京:清华大学出版社,2011.

[7]　(美)Brian W. Kernighan,Rob Pike.程序设计实践.裴宗燕,译.北京:机械工业出版社,2000.

[8]　凌云,吴海燕,谢满德.C语言程序设计与实践.北京:机械工业出版社,2010.

[9]　李春葆.C语言程序设计教程.2版.北京:清华大学出版社,2011.

[10]　(印)Yashavant P. Kanetkar.C程序设计基础教程.李丽娟,等译.北京:电子工业出版社,2010.

[11]　韩俊英.C语言程序设计实验.北京:中国农业大学出版社,2011.

[12]　(美)Harvey M. Deitel,Paul J. Deitel.C程序设计经典教程.聂雪军,贺军,译.北京:清华大学出版社,2006.